Walther von der Vogelweide

K J T 1872

Her walther vō der vogelweide.

Wustmann, Walther v. d. Vogelweide.

Walther von der Vogelweide

Von

Rudolf Wustmann

Mit drei Tafeln

Straßburg
Verlag von Karl J. Trübner
1913

C. A. Wagners Hof- u. Universitäts-Buchdruckerei Freiburg i. Br.

Vorwort

Dies Büchlein zu schreiben hat mich schon lange gedrängt. Walther von der Vogelweide verdient in unserer allgemeinen Bildung einen bessern Platz, als ihm die meisten deutschen Hoch- und Mittelschulen zuteil werden lassen. Sein Charakterbild steht im großen und ganzen fest, so vieles auch an seinem Lebensbilde noch undeutlich ist. Daß ich nun auch etwas von Walthers Musik mit vorlegen kann, macht mir besondere Freude.

Bühlau bei Dresden, August 1912.

R. Wustmann.

Inhalt

Handschriften, Heimat und Name.

Auf einigen deutschen Bibliotheken findet man Handschriftenbände aus dem späteren Mittelalter, die unter anderem auch Lieder enthalten mit dem beigeschriebenen Dichternamen Herr Walther von der Vogelweide.

Manchmal ist es nur eine einzige Strophe inmitten anderer Sachen, so in einer Handschrift der Leipziger Stadtbibliothek oder in einer Berliner Handschrift zwischen Eikes Sachsenchronik und dem Tristan Gottfrieds von Straßburg oder in einer Züricher Abschrift des Schwabenspiegels. Nicht selten hat aber auch einer der alten Schreiber gleich eine Reihe Waltherscher Strophen eingetragen. Ganze Walthersammlungen stecken in den großen Liederhandschriften aus den Jahrzehnten um 1300 in München und Stuttgart und auf der Heidelberger Bibliothek.

Die Münchner Hof- und Staatsbibliothek besitzt eine prachtvolle Handschrift aus dem Kloster Benediktbeuern am Kochelsee: da mögen im 13. Jahrhundert die geistlichen Herren oder einer von ihnen haben zusammenschreiben lassen und mit Bildern schmücken, was sie am liebsten von den fahrenden Klerikern und Spielleuten hatten singen hören, und Verwandtes, meist lateinische Gedichte, auch einige Strophen Walthers. Dieselbe Münchner Bibliothek hat die große Sammlung von Meistersingerliedern aus Colmar aus dem 15. Jahrhundert mit ein paar Waltherschen Strophen und alten Melodien. In Würzburg, wo Walther zuletzt lebte, wurde etwa hundert Jahre nach seinem Tode ein großes Liederbuch zusammengestellt, das nun auf der Münchner Universitätsbibliothek bewahrt wird, mit einer über zwölf Blätter reichenden Sammlung Waltherscher Liebeslieder. Und dreißig Seiten mit Liedern Walthers enthält ein Minnesingerband aus dem oberschwäbischen Kloster Weingarten (nicht fern vom Bodensee), jetzt der Königlichen Privatbibliothek in Stuttgart gehörig.

Am nächsten an Walthers Zeit hinan kommen wir und am vollständigsten aufgezeichnet finden wir seine Gedichte in drei Heidelberger Handschriften. Eine davon ist freilich nur zum Teil erhalten, eine andre aber, mit 151 Strophen Walthers, vollständig; diese beiden stammen noch aus der zweiten Hälfte des 13. Jahrhunderts. Die größte und schönste von allen ist um das Jahr 1300 in der nordöstlichen Schweiz hergestellt und bis gegen 1340 noch beträchtlich vermehrt worden. Drei Menschenalter des Züricher Geschlechtes der Manesse scheinen daran beteiligt gewesen zu sein. Für zwei von ihnen bezeugt der Züricher Dichter Hans Hadloub um 1300 ihren Eifer und ihr Geschick im Sammeln von Meisterwerken deutscher Liedkunst. Von dem alten Rüdiger Manesse sagt er: „Vor seinem Hofe sollten sich die Sänger verneigen, sie sollten ihn preisen hier und anderwärts, denn Sang hat Stamm und Wurzel dort (im Hause des Manessen), und erführe der Manesse, wo sonst noch gute Lieder vorhanden wären, er würde sich eifrigst bemühen, sie zu erwerben." Und auf seinen Sohn Johann übergehend, fügt er hinzu: „Sein Sohn, der Küster, triebs ebenso. Einen Gesang, mit dem man schöner Frauen Lob mehren kann, wollten sie nicht untergehn lassen." Rüdiger, in Urkunden schon 1252 bezeugt und seit 1264 Züricher Ratsherr, starb im Jahre 1304, seine beiden Söhne Johann und Rüdiger 1297 und 1309 und seine Enkel Rüdiger und Ulrich 1331 und 1344: aus dem Besitz und der Pflege dieses Hauses muß die große Heidelberger Handschrift mit ihren thurgäuischen Schriftformen und ihren vielen Dichterbildnissen und heraldisch meist zuverlässigen Wappenbildern hervorgegangen sein. Sie enthält als ursprünglichen Stamm 110 Dichter, und dazu sind zwischen 1320 und 1340 noch 30 andre hinzugefügt worden, so daß sie im ganzen auf 426 Blättern Werke von 140 deutschen Liederdichtern aus den sechs Menschenaltern von 1150 bis 1350 darbietet. Walthers Lieder füllen in ihr zwei Heftlagen und reichen vom 124. bis zum 145. Blatt.

Die große Heidelberger Handschrift zeigt bei dem Bilde Walthers auch seinen Schild und Helm mit der

Wappenzier: ein graugrüner Vogel mit rückwärts gewandtem Kopf in einem Käfig, dessen Rahmen gelb und dessen Stänglein weiß sind. Die Pflege zahmer Vögel als redendes Wappen Walthers nach seiner Herkunftsbezeichnung „von der Vogelweide“: wie kam Walther zu dieser?

Die Jahrhunderte der fränkischen und staufischen Kaiser waren Zeiten reger Neusiedlung auf deutschem Boden. Stadtgründende Fürsten und rodende Bauerschaften hatten daran den größten Anteil, aber auch die Ritterschaft war beteiligt: vielfach besetzten niedere Ritter, damals Dienstmannen genannt, bevorzugte Höfe, an die von andern, gemeinen Bauernhöfen allerlei Wirtschaftsleistungen abzugeben und deren Inhaber selbst zu Kriegsdienst im Gefolge ihres Lehnsherrn verpflichtet waren. Diese niedere Ritterschaft des 12. und 13. Jahrhunderts stellte aber auch die meisten Minnesinger. Jüngere Brüder eines Geschlechtes, die den Hof nicht erben konnten und sonst kein ritterliches Unterkommen fanden, widmeten sich, wenn sie nicht in den geistlichen Stand traten, der künstlerischen Kultur ihrer Zeit als Hof- oder fahrender Sänger. In der englischen Sprache konnte so damals aus dem Worte ministerialis (Dienstmann) geradezu minstrel hervorgehen mit der Bedeutung Minnesinger. Diesem Stande niederer ritterlicher Dienstmannen entstammte auch Walther; seine Zeitgenossen nannten ihn „Herr“.

Vogeljagd, Vogelfang, Vogelstellerei sind germanische Liebhabereien gewesen. Vogelweide nannte

Der alte Vogelweidhof in Laien.

(Eigene Aufnahme.)

man im späteren Mittelalter oft in Tirol, vereinzelt auch in Österreich einen Platz am Waldsaum, wo gerne viel Vögel ihre Nahrung suchten, wohin der Vogelfänger ging, wo das Federspiel gefüttert wurde, dann auch einen Hof, der bei solcher Stelle angelegt wurde und dessen Besitzer sich namentlich die Pflege der Jagd- und Beizvögel angelegen sein ließen. Der einzige ritterliche Hof nun dieses Namens, den wir kennen, ist der Vogelweidhof in Laien bei Waidbruck am Ausgang des Grödener Tals, schon um 1360 in zwei Höfe geteilt wie noch jetzt. Der größere wird der Inner- (oder Unter-)vogelweidhof genannt, weil er etwas mehr taleinwärts und tiefer liegt als der andere. Auch gilt er als der ältere, der Stammhof; die Besiedlung des Tales ging ja bergan. Wohl einer der „Voglwaider" des 16. oder 17. Jahrhunderts, wie die Inhaber damals hießen, hat an dem unteren Hofe die Wandmalerei von Buschwerk und Ranken mit Vögeln darin anbringen lassen, die ihn noch heute ziert. Wahrscheinlich ist hier Walthers Heimat gewesen.

Denn einzelne Spracheigentümlichkeiten in Walthers Gedichten, die in den Reimen stehen und dadurch als dem Dichter ursprünglich eigen verbürgt sind, von keinem Schreiber hineingetragen worden sein können, lassen uns in Walther einen Angehörigen des bayrisch-österreichischen Sprachzweiges erkennen[1]. Bayern selbst aber, Salzburg und Kärnten scheiden

[1] Er sagt z. B. verwarren statt verworren und reimt das auf pfarren.

bei der Frage nach Walthers Heimat dadurch aus, daß die Ortsnamen Vogelweide nicht dorthin weisen, sondern zumeist nach Tirol, seltener nach Österreich. Und auch Österreich wird aus folgenden Gründen als Walthers Heimat unwahrscheinlich.

Walther, wie ihn seine Lieder zeigen, hatte nicht das weichere, lässigere Künstlertemperament, das dem Österreicher eigen ist, sondern war von Hause aus ein kantiger, quellfrischer, witziger Mensch mit einer Brechung von zarter Zurückhaltung und kecker Schneide. Ein heutiger Reichsdeutscher, der Österreicher und Tiroler kennen gelernt hat und mit Walthers Gedichten vertraut geworden ist, wird immer geneigt sein, Walther sich eher als Tiroler als als Österreicher zu denken. Walther hat es aber auch selbst in höheren Jahren als etwas seinem ursprünglichen Wesen Aufgepfropftes angedeutet, wie er zu Österreich fein höfisch habe singen und sagen lernen. Die Spitze der Worte

ze Osterriche lernt ich singen unde sagen,
da wil ich mich allererst beklagen

(zu Österreich habe ich, der einst Zugewanderte, höfische Singkunst gelernt, dahin will ich mich auch jetzt wieder wenden, um Klage zu erheben gegen die, die nun an meinem Gesange nörgeln) ist kräftiger, waltherischer, ja läßt sich überhaupt als entscheidendes Wort völlig verstehen nur im Munde eines nicht in Österreich Geborenen. Seine Kunst ist es, was aus Österreich stammt, das betont er so scharf, daß darin zugleich das Bekenntnis enthalten ist, daß er von dort nicht gebürtig war. Niemals hätte auch der fein und treu empfindende Walther, wenn er aus dem österreichischen Ritterstand hervorgegangen wäre, später den ironischen Vers auf die österreichische Ritterschaft münzen können: die helde uz Osterriche heten ie gehoveten muot, hatten immer eine nach dem Hofe orientierte Gesinnung. Und wenn er von seiner österreichischen Dame später einmal sagt, er habe einen jungen Leib in ihren Dienst gebracht — während andre Minnesinger, wenn sie eine Fürstin ihrer Heimat verherrlichten, stets versicherten, daß sie ihr von Kind auf angehört hätten —, so versteht sich auch das am besten so, daß Walther von Hause aus nicht dem Bannkreise des österreichischen Hofes angehörte.

Auch die sonst in Tirol nachgewiesenen Örtlichkeiten Vogelweide, nur zum Teil Höfe, kommen als Walthers Heimat nicht in Betracht, außer einem, auf den treffen aber auch alle Bedingungen zu. Das ist eben der Vogelweidhof zu Laien im Ried, an einer ursprünglich bodenfeuchten, mit Riedgras bewachsenen Stelle der zerstreuten Pfarrgemeinde Laien.

Noch ein merkwürdiges Zeugnis muß erwähnt werden. Laut einer Gandegger Urkunde verpfändeten am 26. März 1203 auf dem Kirchhof der St. Marienpfarre in Bozen die beiden Brüder Gumpert und Walther „de Lajano“, Söhne weiland Walthers, vorbehaltlich des Wiedereinlösungsrechtes an Goatus von Vels, der in Bozen wohnte, ein Allodialgut im Bezirke von Laien — an dem Orte gelegen, „wo es Moos heißt" — in Gegenwart einer Anzahl von Zeugen aus Bozen und Umgegend. Man hat diese beiden Brüder bis jetzt ohne weitere Prüfung als Angehörige des ritterlichen Geschlechtes „von Laien" angesehen, das im 13. Jahrhundert in Laien die erste Rolle spielte. Liest man aber unbefangen eine größere Menge südtirolischer Urkunden aus jener Zeit, so ergibt sich, daß de Lajano zunächst weiter nichts heißt als „aus Laien"; ebenso werden in gleichzeitigen Urkunden ein Waltherus de Brixina (aus Brixen), Waltherus de Gredena (aus Gröden) usw. genannt. Und schlägt man den Stammbaum derer von Laien auf, wie ihn Mayrhofer aus den Tiroler Urkunden zusammengestellt hat, so zeigt sich, daß die Vornamen Gumpert und Walther in dieser Familie nie vorkommen. Die immer wieder begegnenden Vornamen derer von Laien waren Albert (Adalbert) 1182, dessen Söhne Konrad 1220 und Ulrich 1228—1243; Ulrich starb als Brixener Domherr, Konrads Söhne hießen wieder Albert, Ulrich und Konrad, des jungen Albert Söhne wieder Friedrich, Albert und Konrad usw.: kein Walther. Die Gandegger Urkunde bezieht sich also auf eine andre Familie, die in Laien ein ritterliches Erbeigen (Allod) besaß und es 1203 verpfändete. Dieses Allod lag in der Gegend „Moos". Die Wörter Moos und Ried tauschen oft zur Bezeichnung desselben Fleckes; im besonderen ist die alte Bezeichnung Klausner Moos für Laiener Ried überliefert. Sollten wir hier die Familie Walthers selbst vor uns haben? Hier das

Ereignis, daß Walthers älterer Bruder den ererbten Hof nicht halten konnte und ihn im Beisein und mit Zustimmung seines jüngeren Bruders — der im November desselben Jahres in Österreich war — verpfändete? Alles stimmt: der ritterliche Ansitz, daß Walther zweiter Sohn war, die Lage des Vogelweidhofes im Ried. Dann stünde jetzt Walthers Denkmal in Bozen bei der Pfarrkirche an demselben Platze, wo ihn die einzige aus seinem Leben erhaltene notarielle Urkunde bezeugte.

Sobald es sich entschied, daß, wie es gegeben war, Walthers älterer Bruder den Hof übernahm, trat die Frage auf: was sollte aus Walther werden? Jüngere Brüder der Herrengeschlechter von Säben und von Laien wurden gern Brixener Domherren, nachdem sie die niederen Stufen geistlichen Standes durchlaufen hatten. Ähnlich möchte auch Walther angefangen haben, als er als Knabe den Vaterhof verließ; und das nächstliegende war für ihn, bei den Augustinerchorherren in Neustift bei Brixen als Schüler unterzukommen. Neustift war 1142 von demselben Bischof Hartmann von Brixen zusammen mit einem Herrn von Säben gegründet worden, der 1147 auch die Pfarrkirche zu Laien geweiht hatte; es stand ebenso wie das wenig jüngere Chorherrenstift Au bei Bozen in engen Beziehungen zu Klosterneuburg an der Donau, von wo beide ihre ersten Leiter und Chorherren bekommen hatten.

Was trieb den jungen Walther etwa um das Jahr 1185 fort aus der Heimat über die Berge?

Vor allem dieselbe Wanderlust, die zweihundert Jahre später den halbwüchsigen Oswald von Wolkenstein, auch einen Zweitgebornen seines Geschlechtes, aus demselben Grödener Tal in die Ferne führte, den namhaftesten poetischen Erben Walthers in Südtirol. Waren dabei für Walther die engen Beziehungen zwischen Neustift und Klosterneuburg wichtig, und führten sie ihn sofort nach Österreich? Lockte ihn, dessen musikalische und poetische Begabung und Sangeskunst aufgefallen sein mußte, der Ruhmesglanz des großen Pfingstfestes Barbarossas 1184 zu Mainz in die Nähe eines kunstliebenden Hofes?

Zum Teil mögen Walthers Empfindungen, als er es wagte, sich dem Sängerberuf zu widmen, ähnliche gewesen sein wie die eines zeitgenössischen fahrenden Klerikers, der von sich gesagt hat:

Fodere non valeo,
quia sum scolaris
ortus ex militibus
proeliandi gnaris;
quia me sed terruit
labor militaris,
malui Virgilium
quam te sequi, Paris.

„Graben mag ich nicht[1], weil ich ein Scholar bin aus waffenkundigem Rittergeschlecht; aber weil ich

[1] Diese ersten Worte stammen aus dem Gleichnis vom ungerechten Haushalter (Luk. 16, 3); Walther hat sie später wirklich einmal von sich gebraucht in der Form ichn kan niht riuten (reuten, roden), als ihn ein unfreundlicher Fürst in den Wald zum Kuckuck wünschte.

auch gegen Kriegsarbeit Abneigung habe, will ich lieber dem Poeten Virgil folgen, als dir, Paris, der du vor Troja zogest."

Wenn Walther so damals der Heimat Lebewohl sagte, seiner kräftigen, frischen Stimme, seines sicheren musikalischen Melodiesanges froh und die junge Brust voll Liederahnungen, dann muß ihn der Name des heimischen Hofes „Vogelweide" wie ein Segen umschwebt haben, und er durfte auch erwarten, für solch einen angebornen Sängernamen allerwärts fröhliches Verständnis zu finden. Denn viel mehr als die Dichter späterer Zeiten waren sich die auf dem Lande aufgewachsenen Liedersänger des Mittelalters ihrer Verwandtschaft mit den Vögeln bewußt. Wie sich die Ritter den Falken verglichen, so die armen Bettelsänger den Sperlingen, und so hat Gottfried von Straßburg seinen großen Zeitgenossen Walther „von der Vogelweide" etwa zwanzig Jahre nach dessen Aufbruch aus Tirol als die Meisterin der Nachtigallen, d. h. als den besten aller deutschen Liedersänger, in begeisterten Versen gefeiert.

Lehrjahre.

In Österreich lernte Walther singen und sagen, in der Umgebung des Wiener Hofes und im Wetteifer mit den Sängern dieses Hofes. Angehende ritterliche Sänger, Singknappen, wurden von den fertigen ritterlichen Singmeistern als Boten verwendet. Die Gudrundichtung jenes Jahrzehnts erzählt von „viel singenden Knappen" in einem Heere, und zwei ihrer hübschesten Szenen schildern, wie der Sänger Horand als Bote seines Königs Hetel am Hofe Hagens beim Morgengrauen singt, daß die Vögel schweigen und die Menschen in den Gemächern und an den Zinnen lauschen, und wie er dann abends von der Prinzessin Hilde in ihre Kemenate befohlen wird und vor ihr seine allerschönste Weise singt; als sie zusagt, den Herren, der ihn gesandt habe, lieben zu wollen, wenn Horand dort abends und morgens singe, erwidert er: „Edles Mägdlein, mein Herr hat täglich an seinem Hofe zwölfe, die viel besser singen als ich, und wie süß ihre Weisen sind, am allerbesten singt mein König Hetel selbst."

Als Botensänger hat auch Walther seinen ritterlichen Minnesang begonnen, und das früheste, was wir von ihm erhalten haben, sind drei jugendlich unschuldige Botenstrophen von biederer Umständlichkeit der Sprache und großer Sauberkeit der Form. Jede beginnt mit der Anrede „Frouwe", d. i. Herrin. Die erste bittet, ihn um Gottes willen anzuhören, er sei ein Bote und solle ihr sagen, sie solle einem Ritter den schweren Kummer wenden, den dieser lange getragen habe. (Das war das Wesen fast alles Minnesangs, daß ein Ritter sich in die Huld einer Dame begab und, ohne Aussicht auf Erfolg bei ihr und ohne ihren Namen zu nennen, um sie warb, indem er sie in Gesängen pries.) Walthers erste Botenstrophe schließt: „Das soll ich euch so mitteilen: wenn ihr ihn reich macht an Freuden, dann werden sicher viele Herzen froh." In Walthers Sprache heißt die ganze Strophe:

Frouwe, vernemt durch got von mir diz maere[1]:
ich bin ein bote und sol iu[2] sagen,
Ir sült[3] wenden einem ritter swaere,
der sie lange hat getragen.
Daz sol ich iu künden so:
ob ir in welt[4] fröuden richen[5],
sicherlichen
des wirt manic herze fro.

Wie die letzte Zeile gemeint ist, legte der junge Sänger dann in der zweiten Strophe dar. Die Dame solle es sich nicht verdrießen lassen, dem Ritter ihre Zusage und damit hohen Mut zu geben; sie selbst

[1] diese Kunde. [2] euch. [3] sollt. [4] wollt.
[5] an Freuden reich machen.

werde Genuß davon haben und alle Mitglieder der Gesellschaft, denen Freude sanft tue: denn der Ritter werde sich dann bereit fühlen, ihre Ehre und Wertheit zu besingen. Die dritte Strophe wiederholt die Bitte mit dem Hinweis auf die Tugend und Ehre des Ritters. Walther sang also weiter, sei es nun im Hofe unter dem Balkon der Dame oder wo sie es hören konnte:

Frouwe, enlat[1] iuch des so niht verdriezen,
ir engebt im hohen muot.
Des mügt ir und al die wol geniezen,
den ouch fröude sanfte tuot.
Davon wirt sin sin[2] bereit,
ob ir in ze fröuden bringet,
daz er singet
iuwer[3] ere und werdekeit.

Frouwe, sendet im ein hohgemüete,
sit an iu sin fröude stat[4].
Er mac wol geniezen iuwer güete,
sit diu tugent und ere hat.
Frouwe, gebt im hohen muot.
welt[5] ir, sin truren ist verkeret,
daz in leret,
daz er daz beste gerne tuot.

Und was gab die Frau dem Boten zur Antwort? Auch das hat Walther alsbald in eine Strophe desselben Versmaßes gebracht und dann wohl seinem ritterlichen Auftraggeber vorgesungen. Die große

[1] laßt (negiert). [2] sein Sinn. [3] euere.
[4] da an euch seine Freude hängt. [5] wollt.

Heidelberger Handschrift, die allein diese Jugenddichtung Walthers überliefert, fügt als Worte der Frau hinzu: sie könne sich nicht auf den Ritter verlassen; krumme Wege gingen bei allen Straßen, Gott verhüte, daß sie einen solchen einschlage; sie wolle auf gradem Wege bleiben, zu leide dem, der ihr andres sage; wohin sie gehe, möge Gott ihr Schutz sein. Diese Absage lautet in Walthers Sprache:

Ja möhte ich mihs an in niht wol gelazen[1],
daz er wol behuote sich.
Krumbe wege die gent bi allen strazen:
davor got behüete mich.
Ich wil nach dem rehten varn,
ze leide im, der mich anders lere.
Swar[2] ich kere,
da müeze mich doch got bewarn.

Es mag in solchen Verhältnissen manchmal vorgekommen sein, daß sich die Dame in den Boten verliebte, der so schön sang. Wir befinden uns um 1190 in der Zeit, wo Ritter Eilhart von Oberge seinen Tristrant dichtete und etwa zwanzig Jahre später Gottfried von Straßburg den klassischen Tristan. Auch Walther hat ein Stück Tristanschicksal an sich erfahren. Es gibt noch eine zweistrophige Dichtung aus seinem damaligen Botensängerdienst. Die erste Strophe wirbt wieder im Namen eines Ritters um die Huld einer Frau für „diesen Sommer" — und man wird den energischen Fluß der Sprache, die

[1] mich darin auf ihn nicht verlassen. [2] wohin.

Erlebnis leicht geworden wäre. Er erinnert sich, daß ihm die Minne, von der er sich jetzt selbst gepackt fühlt, als Sünde bezeichnet worden ist. Er hilft sich dagegen mit den damals modernen Gedanken, daß Minnedienst rechtmäßige Ehre verschaffen könne und daß große Charakterfestigkeit und Glückseligkeit aus ihm hervorgehe. Es ist, als ob die Dame ihn gelehrt habe: irgendwelche Missetat hat nie etwas mit wahrer Minne zu schaffen. Falsche Minne, „Unminne", die will er immer hassen.

Swer giht[1], daz minne sünde si,
der sol sich e bedenken wol.
Ir wont vil manic ere bi,
der man durch reht geniezen sol,
Und volget michel staete[2] und darzuo saelikeit.
daz iemer iemen missetuot, daz ist ir leit.
die valschen minne meine ich niht; diu möhte unminne heizen baz.
der wil ich iemer sin gehaz[3].

Es dauerte noch eine Weile, bis das Verhältnis die kontraktartige Form jener ritterlichen Konvention annahm. Die Dame mag sich nun zurückgehalten, Walther in Hangen und Bangen gelebt haben, bis es schließlich damaliger höfischer Sitte gemäß so befestigt wurde: der junge ritterliche Sänger Herr Walther von der Vogelweide erklärte sich einer ungenannten Frau für eigen und dienstbar auf Lebenszeit, da sie allein seinem Kummer

[1] sagt. [2] große Beständigkeit. [3] Feind.

helfen könne, den er doch immer leiden müsse. Er fordert nur dagegen, daß sie sich auch nicht an ihm versäume:

Sit deich[1] ir eigenlichen sol,
die wile ich lebe, sin untertan,
Und sie mir mac gebüezen[2] wol
den kumber, den ich durch sie han
Geliten nu lange und iemer also liden muoz,
daz mich enmac getroesten nieman, si entuo'z,
so sol si nemen den dienest min, und bewar darunder mich,
daz s' an mir ouch niht versume sich.

Die drei letzten Strophen dieses Versmaßes sind nicht mehr an die Dame allein gerichtet worden; man muß sie sich vor der Wiener Hofgesellschaft vorgetragen denken.

Von 1177 bis 1194 regierte in dem neuen Herzogtum Österreich der Babenberger Leopold V., ein kühner, reicher und freigebiger Fürst, seit 1174 vermählt mit der ungarischen Prinzessin Helena. Im Mai 1190 rastete das Kreuzheer mit Barbarossa einige Tage in Wien, und Leopold geleitete den Kaiser bis Preßburg; erst im August, nach Barbarossas Tode, brach er selbst zur Fahrt nach Palästina auf. Dort wütete im folgenden Winter eine Seuche im deutschen Heere, der auch Barbarossas Sohn, Herzog Friedrich, erlag; die Deutschen traten innerhalb des westeuropäischen Kreuzheeres in die zweite Reihe zurück hinter den Königen Richard Löwen-

[1] Seit daß ich, da ich. [2] bessern, heilen.

herz von England und Philipp August von Frankreich. Am 12. Juli 1191 zog das Christenheer in Akkon ein; als dabei Herzog Leopold als erster seine Fahne auf einem der Stadttürme aufpflanzen und Richard Löwenherz sie herunterreißen ließ, gerieten beide Herrscher in hitzigen Wortstreit, und Leopold zog heim. 1192 wurde er auch Herzog von Steiermark; noch mehr wuchs sein Reichtum, als er zu Ende desselben Jahres seinen Feind Richard von England auf der Durchreise bei Wien gefangen genommen hatte und ein Lösegeld von 50 000 Mark von ihm zugesagt erhielt. Der größere Teil dieser für die damalige Zeit außerordentlichen Summe war gezahlt, als Leopold Ende 1194 infolge eines unglücklichen Sturzes mit dem Pferde starb.

Wie die fahrenden Spielleute und Sänger klagten, wenn es ihnen nicht gelang, von einem solchen Fürsten ein Geschenk zu erhalten, dafür höre man zwei Strophen, deren Verfasser zwei sogen. Spervögel um 1170 und 1190 waren. Der ältere vergleicht den Hof, an dem er eingekehrt war, mit einem Obstgarten und den Herrn mit einem fruchtbeladenen Aste, den er vergebens in Bewegung gesetzt habe:

Mich hungerte harte.
ich steic in einen garten.
da was obez[1] innen,
des mohte ich niht[2] gewinnen.

[1] Obst. [2] davon konnte ich nichts.

daz kom von unheile.
dicke weget[1] ich den ast,
mir wart des obezes nie niht ze teile.

Ein kurzes, künstlerisch recht grobes Scheltliedchen, aber ein drastisches Bild. Über feinere Empfindung und jüngere Ästhetik verfügt der zweite Spervogel: er vergleicht den Hof mit einem See und den Fürsten mit einem kühlen, starken Born, wo mancher seinen Durst gestillt habe; nur er habe immer vergebens seinen Napf dargeboten:

Daz ich ungelücke han, daz tuot mir we:
des muos' ich ungetrunken gan von eime se,
dar uz ein küeler brunne vloz,
des kraft was michel[2] unde groz.
da buozte maneger sinen durst
und wart da wol ergetzet.
swie dicke[3] ich minen napf dar bot,
ern wart mir nie genetzet.

Hält man daneben die Bitte des jungen Walther am Hofe Leopolds V., so fällt zunächst die nochmalige Erweiterung der Form ins Auge, die Übertragung in eine Strophe mit gleichpaarigem Aufgesang und einfachem Abgesang; aber man wird auch über den viel größeren poetischen Reichtum Walthers gerade in den Anfängen seiner Kunst erstaunen. Fast in zu viel Bildern klagt er: das Tor des Glückes ist ihm versperrt, er steht als ein Waisenknabe davor, umsonst klopft er an. Es kann kein größeres Wunder geben: rechts und links von ihm regnet es, nur ihm wird kein Tropfen zuteil; wie

[1] oft bewegte. [2] stark. [3] wie oft auch.

der Regen erfreut der freigebige Fürst von Österreich Land und Leute. Er ist wie eine schöne Heide, auf der Blumen gebrochen werden, zum Staunen! Erhielte er (der Sänger) nur ein Blatt von dort aus des Fürsten Hand, so wäre er wohl im stande, ein Loblied auf solche Augenweide anzustimmen. Sicher hat Walther für den Vortrag dieser Strophe, von dem vielleicht so viel abhing, auch musikalisch seine ganze Frühkunst aufgeboten. Wir haben die Melodie zu ihr erhalten; Walther hat diese für den Wiener Hof erfundene Weise später noch so oft und gern gebraucht wie keine andere wieder. Worte und Weise lauten (an den Zeilenenden sind kurze Pausen zu machen):

Mir ist ver - spart[1] der sael - den[2] tor:
Wie möht ein wun- der groe - zer sin?

da sten ich als ein wei - se vor,
ez reg - ent be - dent - hal - ben[3] min,'

mich hil - fet niht, swaz ich dar an ge - klop - fe.
daz mir des al - les niht en - wirt[4] ein trop - fe.

[1] versperrt. [2] des Glückes. [3] zu beiden Seiten.
[4] nicht zuteil wird.

Des für - sten mil - te uz Os - ter - ri - che
fröut dem süe - zen reg(e)n ge - li - che
bei - diu liute und ouch daz lant.
er ist ein schoe-ne wol ge - zie - ret hei - de,
dar abe man bluo - men bri - chet wun - der.
brae - che mir ein blat dar un - der
diu sin vil mil - te ri - chiu hant,
so möht ich loben die süe - zen ou - gen - wei - de.
hie bi si er an mich ge - mant.

Wie hier Gedanken und Versmaß als eine höfische Steigerung dessen erscheinen, was bei den Fahrenden üblich war, so auch die Musik. Zwei dieser waltherischen Zeilen klingen z. B. an folgende beiden aus der Weise des jungen Spervogel an:

Walther fand Gehör mit seinem Gesuch: wir haben ihn uns in den nächsten Jahren als einen der Wiener Hofsänger zu denken. Sein bedeutendster Rival in dieser Stellung war Reinmar von Hagenau, nur wenig älter als Walther; er machte den Kreuzzug des Jahres 1190 mit. Des jungen Walthers und Herrn Reinmars höfische Lyrik der nächsten Jahre ähnelt sich, ja es gibt Strophen, die in den Handschriften teils Walther und teils Reinmar zugeschrieben werden, und die entschiedene Zuweisung an den einen oder den andern ist heute manchmal nicht mehr auszumachen. Man darf in diesem Verhältnis Reinmar nicht als den allein gebenden und belehrenden ansehen, wenn auch seine Dichtungen einen höfisch fertigeren, gleichmäßiger konventionellen Eindruck machen als die Walthers.

Die Aufgabe dieser Hofminnesinger war es, die gesellige Freude bei großen Zusammenkünften zu mehren, entweder durch Preislieder auf die Freigebigkeit des Fürsten oder durch Lieder auf die Hofdamen, vor allem zum Ruhme der Fürstin selbst. All das in den Formen höfischen Benehmens und mit ausdrücklichem Hinweis auf die Vorzüge der „Maße", d. h. maßvoll edlen Gebarens. Das Lob der „Frau", der Fürstin erklingt als das eines ihr zu eigen ergebenen ritterlichen Dieners, der sie liebt, ohne daß sie ihn erhört. Fröude, Minne, Maze, Dienest, Milte (Freigebigkeit), Lob sind es, worum sich der Minnesang in immer neuen Gedankenspielen, Strophenformen und Weisen dreht.

Walthers Lieder aus diesen frühen österreichischen Jahren, so sehr sie den lernenden Neuling verraten, haben doch auch einen deutlichen persönlichen Einschlag. Nicht nur darin, daß er ganz eigene Einfälle zur Aussprache seiner wirklich empfundenen Liebe hat; es steckt überhaupt eine tiefe Wahrheit des Erlebens in seinem Minnesang. Und gerade in diesen Jugenddichtungen gibt er sein Einzelwesen und -schicksal mit allen Zufälligkeiten liebenswürdig unbefangen an den Tag.

„Dichterherz" könnte man folgendes kleine Liedchen nennen aus einer Zeit, wo Walther die Dame seines Herzens erst selten gesehen hatte.

Ir vil minneclichen ougenblicke
rüerent mich alhie, swann ich si sihe,
In min herze. owe[1] sold ich si dicke

[1] O weh.

sehen, der ich mich für eigen gihe[1]!
Eigenlichen dien ich ir:
daz sol si vil wol gelouben mir.

Gewiß hat er beim Vortrag der ersten Zeilen die Hand aufs Herz gelegt. So schüchtern die Sprache zunächst ist (und so ungeschickt die Technik mit der wiederholten Hinüberführung des Satzes über den Reim), so wagt er doch in der Schlußstrophe hier bereits eine Art Verwünschung, eine schalkhafte Kritik, einen Hinweis darauf, daß sein Dichterlob vielleicht gar nicht am Platze sei:

Ich trage in minem herzen eine swaere
von ir[2], der ich lazen niht enmac,
Bi der ich vil gerne tougen[3] waere
beide naht und ouch den liehten tac.
Des enmac nu niht gesin,
ez enwelle[4] diu liebe frouwe min.

Sol ich miner triuwe alsus[5] engelten,
so ensol niemer man getruwen[6] ir.
Si vertrüege michels baz[7] ein schelten
danne ein loben, daz geloubet mir.
We, war umbe tuot si daz,
der min herze treit[8] vil kleinen haz?

Ein Lied im höheren Ton, das man sich etwa zu Ende eines der ersten Winter von Walthers höfischem Sängerdienst in Wien vorgetragen denken darf, beginnt mit einem jubelnden Bekenntnis zur Freude:

---

[1] der ich mich zu eigen bekenne. [2] d. h. der Dame.
[3] heimlich. [4] es wolle es denn. [5] Treue so.
[6] trauen. [7] viel eher. [8] trägt.

Ich bin nu so rehte fro,
daz ich vil schiere[1] wunder tuon beginne.
Lihte[2] ez sich gefüeget so,
daz ich erwirbe miner frowen minne:
Hi[3], so stigent mir die sinne
hoher danne der sunnen schin. genade, ein küniginne!

Wieder eine sechszeilige Strophe, wovon vier Zeilen denselben weiblichen Reim haben. Daß es die Fürstin war, die in diesem kunstvollen Gemäß gefeiert wurde, deutet das Schlußwort an: Herzogin Helena von Österreich hieß als Schwester des ungarischen Königs küniginne, und in ihrer Gegenwart hätte Walther keine andere Dame etwa in nur poetischer Verherrlichung Königin nennen dürfen. Er fährt fort:

Ich ensach die guoten hie
so dicke nie, daz ich des iht verbaere[4],
Mirne spilten d'ougen ie.
der kalte winter was mir gar unmaere[5].
Ander liute duhte er swaere:
mir was die wile, als ez enmitten in dem meien waere.

Disen wünneclichen sanc
han ich gesungen miner frouwen ze eren.
Des sol si mir wizzen danc;
durch si so wil ich iemer fröude meren.
Wol mac si min herze seren[6]:
waz danne, ob si mir leide tuot? si mag ez wol verkeren.

[1] sehr bald. [2] Vielleicht. [3] hei.

[4] daß ich etwas davon hätte vermeiden können, daß mir die Augen nicht immer funkelten.

[5] nicht der Rede wert, gleichgültig. [6] verwunden.

ern hete da den selben muot.
ezn wart nie mannes lop so guot,
so daz von sinem huse vert,
da man in wol erkennet.

Beide Dichter sprechen von Leuten, die in fremder Gesellschaft, sei es in der Ferne oder bei Hofe, sich schön benehmen, aber deren Charakter nicht bis ins Innerste gut ist, wie ihr Benehmen zu Hause zeigt. Es ist bezeichnend für Walther, daß ihm die Hausart eines Mannes mehr gilt als die Hofart, und er durfte doch auch auf seinen höfischen Sang stolz sein und war es.

Die Abwechslung von Walthers Tätigkeit als Hofminnesinger und als sonstiger Gesellschaftsmusikant in Österreich spiegelt sich in dem Wechsel von Liedern hoher und niederer Minne. Nachdem er eine Zeitlang nur dem höfischen Minnesang gedient hatte, wollte man ihn tadeln, als er in einfachen, herzlichen Tönen auch einem Mädchen aus niederem Stande zuliebe sang. Er verantwortete sich an sie selber so:

Herzeliebez frouwelin,
got gebe dir hiute und iemer guot.
Kund ich baz gedenken din,
des hete ich willeclichen muot.
Waz sol ich dir sagen me,
wan daz dir nieman holder ist dann ich? davon ist mir vil we.

Sie verwizent mir, daz ich
So nider wende minen sanc.
Daz sie niht versinnent sich,

waz liebe si, des haben undanc![1]
Sie getraf diu liebe nie,
die nach dem guote und nach der schoene minnent, we
wie minnent die!

Und wenn er in einer der folgenden Strophen fortfuhr:

Du bist schoene und hast genuoc:
waz mügen sie mir da von gesagen?
Swaz sie sagen, ich bin dir holt,
und nim din glesin vingerlin für einer küneginne golt,

so war es nicht bloß bildlich gesagt: ich ziehe dein gläsernes Ringlein dem Golde einer Königin vor. Aber auch diese Liebe blieb nur ein ritterliches Werben, das nicht erhört wurde, und Walther hat darauf wieder in Wien der Herzogin und vielleicht auch andern Damen gehuldigt. Nun hatte aber die Fürstin von seinen Liebesliedern für andere Frauen gehört und ihm seine unstaetekeit vorwerfen lassen; daraus hat er eines seiner schönsten Gesprächslieder gestaltet. Solcher Gespräche oder „Wechsel" hatte er vorher schon manchen einfachen gedichtet, nur je eine Strophe von Mann und Frau; in diesem letzten österreichischen Wechsel gab er eine genaue dramatische Szene, in der die sich beleidigt fühlende Frau das klare letzte Wort hat:

Der min ze friunde ger[2], wil er mich gewinnen,
der laze alsolhe unstaetekeit.

[1] Des seien sie ohne Dank; schwer zu übersetzen: des seien sie unbedankt und vergessen; ähnlich noch Luther: und kein'n Dank dazu haben.

[2] begehre.

gemeine liep daz dunket mich gemeinez leit:
nu sage, weist du anders iht[1]?
davon tar[2] ich dich niht geminnen.

Walther kannte sich jetzt gut genug, um von sich sagen zu können, daß er durch niedere Minne beinahe tot gewesen sei, nun sei er wieder an hoher Minne siech. Er bittet jetzt die Maze, ihn zu belehren, wie er zu „ebenem" Werben und damit zu rechter werdekeit kommen könne. Es liegt ein tiefes persönliches Ringen in alledem — etwa dreißig bis vierzig Lieder Walthers sind aus diesen österreichischen Liebes- und Kunstkämpfen erhalten —, und wir dürfen es als das Ende seiner Lehrzeit ansehen, als der Wille zum Maß wirklich in ihm siegte. Damit schwindet freilich aus seinen Gedichten auch der Hauch des Unbewußten und Naiven und des zufällig Individuellen, der den bunten Strauß von Walthers österreichischer Jugendlyrik so anziehend macht.

Sein Scheiden aus Österreich hatte sich in zunehmender Spannung zu manchen Mitgliedern des höfischen Kreises vorbereitet. Zum Ereignis ward es, als auch sein zweiter Gönner, der junge, unvermählte Herzog Friedrich, auf der Kreuzfahrt im April 1198 starb. Dessen Bruder Leopold VI. verzichtete auf weiteren dauernden Hofdienst des Sängers, und dieser hat von dem Schicksal, das ihn damit betraf, Kunde gegeben in Versen, die seinen Wiener Hofschritt mit dem Stolzieren des Kranichs

---

[1] es irgend anders? [2] wage.

und den dann folgenden Trauergang mit dem Schleichen des Pfaues vergleichen:

Do Friderich uz Osterriche also gewarp[1],
daz er an der sele genas und im der lip erstarp,
do fuort er mine kranechen trite in d'erde[2].
Do gieng ich slichend als ein pfawe swar ich gie[3],
daz houbet hanht[4] ich nider unz[5] uf miniu knie . . .

---

[1] es soweit trieb. [2] duckte er meinen stolzen Gang. [3] Pfau, wohin ich ging. [4] hängte. [5] bis.

Wanderjahre.

Einer der hervorragendsten Deutschen, die beim Tode Herzog Friedrichs in Palästina zugegen waren, war Wolfger von Ellenbrechtskirchen, seit 1191 Bischof von Passau, ein naher Freund der Babenberger. Er vermutlich geleitete den Leichnam nach Heiligenkreuz zurück zur Bestattung, und er war im Juni wieder daheim in Passau. Ein andrer Tod breitete damals seine Schatten noch weiter: Kaiser Heinrich VI. war im Herbst 1197 in Sizilien gestorben, Ende Juli hatte sich Wolfger noch dort in seiner Umgebung befunden, ein nicht minder treuer Anhänger des staufischen Kaiserhauses und ausgezeichneter Diplomat, wie er war. Im Frühsommer 1198 war es die Frage, ob sich die Krönung von Heinrichs Bruder Philipp zum deutschen König werde erreichen lassen. Wolfger gehörte aber endlich auch, wie wir aus zufällig erhaltenen Reiserechnungen von ihm wissen, zu den Gönnern der Spielleute und Sänger, deutscher wie italienischer; auch Herrn Walther von der Vogelweide hat er beschenkt und ist von ihm noch viel später besungen worden. Sollte Wolfger nicht die Hand im Spiele gehabt haben, wenn wir Walther wenige Monate nach Herzog Friedrichs Tode und seinem Scheiden von Wien als politischen Sänger in Sachen des zu krönenden Staufers Philipp wiederfinden? Jene Strophe Walthers in einem neuen Hofton, die mit Friedrichs Tode anhebt und erzählt, wie der Dichter damals sein Haupt habe hängen lassen, fährt fort:

nu rihte ich ez uf nach vollem werde.
Ich bin wol ze fiure komen,
mich hat daz riche und ouch diu krone an sich genomen.
wol uf, swer tanzen welle nach der gigen!
mir ist miner swaere buoz[1]:
erste wil ich ebene setzen minen fuoz
und wider in ein hohgemüete stigen.

Reich und Krone haben ihn in Dienst genommen, das heißt wohl: er ist als Dichter, Sänger und politischer Agent der Hofkanzlei Philipps zugeordnet worden, an deren Spitze eben damals national schneidig denkende Männer traten. Auf einem Wiesenplan bei Worms am Rhein mag es gewesen sein, wo sich Ende Juni Philipps Hof befand; Walther sang und ein Spielmann neben ihm — oder er selbst — war bereit, eine Tanzweise anzuheben, daß Mitglieder der vornehmen Gesellschaft den Reigen danach wandeln konnten. Des Dichters Gemüt war wieder ohne Sorge um sein Schicksal und trachtete nach Hohem.

[1] Abhilfe geschaffen.

Denn ihn erfüllte jetzt wie etwas Neues der Gedanke an die Ehre des ganzen deutschen Vaterlandes, die auf dem Spiele stand. Seit Karl dem Großen erhob die römisch-deutsche Kaiserkrone den Anspruch, die hehrste Krone Europas zu sein; aber nun drohte ihr eine zwiespältige Wahl, und die Außenkönige von Frankreich, England, Dänemark, die von Barbarossa und Heinrich VI. mit Geschick und Glück zurückgehalten worden waren, stiegen im Ansehen, ja bedrängten die Reichsgrenzen wie der Däne und suchten die Kaiserwahl zu ihren Gunsten zu wenden wie Richard Löwenherz, der seinen welfischen Neffen Otto als deutschen Thronbewerber unterstützte. In Erwartung seines staufischen Reichssängerdienstes nimmt Walther die Welt des deutschen Sommers, die ihn umfängt, wie mit einem neuen Organ auf: das rauschende Wasser, die wuchernden Gewächse, die Tierreiche, in denen es nicht ohne Haß und Streit abgeht, die Vögel, bei denen z. B. die Störche Gericht halten, und die Insekten, die sich um eine Königin scharen, das alles gestaltet er in einem neuen, langen Ton mit der Schlußaufforderung, die Ehre deutscher Zungen nicht herrscherlos zerrinnen zu lassen, sondern Philipp zu krönen.

Ich horte ein wazzer diezen[1]
und sach die vische fliezen;
ich sach swaz in der welte was,
velt, walt, loup, ror unde gras,

[1] rauschen.

swaz kriuchet unde fliuget
und bein zer erde biuget,
daz sach ich, unde sage iu[1] daz:
der keinez lebet ane haz.
daz wilt und daz gewürme
die stritent starke stürme,
sam[2] tuont die vogel under in[3];
wan[4] daz sie habent einen sin:
si duhten sich ze nihte,
si enschüefen starc gerihte.
si kiesent[5] künege unde reht,
si setzent herren unde kneht.
so we dir, tiuschiu zunge,
wie stet din ordenunge,
daz nu diu mugge ir künec hat,
und daz din ere also zergat.
bekera dich, bekere!
die cirken sint ze here,
die armen künege dringent dich;
Philippe setze en weisen uf,
und heiz sie treten hinder sich.

Gegenüber der deutschen Kaiserkrone nennt Walther alle andern Fürstenreife Zirken und neben dem Kaiser die andern Könige Europas arme künege, die zurückzutreten haben. Der Waise war ein schöner, in seiner Art einziger Stein — darum Waise genannt —, der unter Otto I. der Kaiserkrone an der Rückseite eingefügt worden sein soll. Sächsische und thüringische Rechtsbücher der folgenden Menschenalter erläutern seine Bedeutung: er

[1] euch (Dativ; Akkusativ iuch). [2] ebenso.
[3] untereinander. [4] nur. [5] erkiesen, wählen.

(der Herrscher, der den Waisen in seiner Krone trägt) soll gedenken, daß er ein König sei über alles Volk, das Gott an dem Kreuz erworben und erlöst hat; so bezeichnet der Waise in dem Nacken, daß er allein ist unter andern Leuten und unter allen Steinen der öberst; also sol man ouch nicht mehr Koninge finden, die dem Kaiser glich sin. Um die Wirkung des Schlusses von Walthers Gedicht aber ganz zu verstehen, muß man wissen: auch eine nichtreimende Zeile in einer Strophe hieß Waise, und indem Walther nach elf einfachen Reimpaaren, wo das Ohr zum Schluß ein zwölftes erwartet, plötzlich in dieses eine Waisenzeile einschiebt, in der er zugleich vom Waisenstein spricht, wurde dieser doppelt herausgehoben; das nichtreimende uf ist für das Ohr eine ebensolche Überraschung, wie die deutsche Kaiserkrone gegenüber all dem vorher geschilderten Gewirr als überragend hingestellt werden soll. Dieses Schlußkunststück spricht aber auch dafür, daß Walther den Ton hier zum erstenmal anwandte, daß er ihn um dieses Schlusses willen erfunden hat.

Die nächsten Jahre sind, wie es scheint, diejenige Wanderzeit Walthers gewesen, die ihn verhältnismäßig schnell und am weitesten hat herumkommen lassen. Nicht nur, daß der Königshof seinen Aufenthaltsort wechselte, von dem herumziehenden Hofe wurde Walther selbst wieder ins Land hinausgesandt, und er hat auch nicht lange in den Diensten Philipps gestanden. Ein späterer Minnesinger, der Graf Hugo von Montfort, hat von sich erzählt, wie er unterwegs im Sattel zu dichten pflege. Gewiß hat auch Walther so manche Strophe auf dem Rücken seines guten Rosses, zwischen Feldern und Wäldern ersonnen; Pferde als Besitztum der Fahrenden, auch als sein eigenes, bezeugt er an verschiedenen Stellen seiner Gedichte. Einen Reisesegen aber für sich selbst in der Wiener Hofweise möchte er in den ersten Wanderjahren an einem Weihnachten früh vor dem Aufstehen gedichtet haben:

Mit saelden [1] müeze ich hiute uf sten,
got herre, in diner huote gen
und riten, swar [2] ich in dem lande kere.
Krist herre, laz an mir werden schin [3]
die grozen kraft der güete din,
und pflic [4] min wol durch diner muoter ere.
Als ir der heilig engel pflaege,
do du in der krippen laege,
junger mensch und alter got,
demüetic vor dem esel und vor dem rinde
(und doch mit saeldenricher huote
pflac din Gabriel der guote
wol mit triuwen [5] sunder spot),
als pflig ouch min, daz an mir iht erwinde [6]
daz din vil götelich gebot.

Später hat er einmal seine Körperhaltung beim Nachdenken in den klassisch gewordenen und von manchem Maler benutzten Worten geschildert:

[1] zu meinem Heil. [2] wohin. [3] offenbar werden.
[4] pflege. [5] Treue. [6] nicht aufhöre.

Ich saz uf eime steine
und dahte[1] bein mit beine,
dar uf satzt ich den ellenbogen,
ich hete in mine hant gesmogen[2]
daz kinne und ein min wange.

Ob das Gedicht selbst in dieser Haltung des Denkens zustande gekommen sein mag?

Wie ein Dichter wie Walther in seinem Wandersängerberuf von Hof zu Hofe empfohlen werden konnte, lehrt uns ein Schriftchen des damaligen Bologneser Juristen und Lehrers der Redekunst Boncompagno, der sich übrigens auch zu den Günstlingen Bischof Wolfgers rechnen durfte. Boncompagno hat ein Formelbuch für Briefe verfaßt, darunter Empfehlungsschreiben für wanderndes Künstlervolk, nicht bloß Tänzer und Vogelstimmenimitatoren, Geiger und Harfner, sondern auch — an erster Stelle — für Erfinder von Gesängen. Die Formel für diese verwendet den Namen Bernard als Beispiel, und man muß das danebenstehende eventator als e Ventator lesen, d. h. es ist der berühmte Troubadour Bernard von Ventadour gemeint. Die Stelle heißt übersetzt: „Welchen Namen und Ruf Bernard aus Ventador hat und wie berühmte Lieder er geschaffen und wie süße Weisen er erfunden hat, ist in vielen Gegenden des Erdkreises anerkannt. Wir haben ihn Eurer Herrlichkeit empfehlen zu sollen geglaubt, indem wir

[1] deckte. [2] geschmiegt.

Eure Güte angelegentlich ersuchen, ihn um unsrer Freundschaft willen in bevorzugter Weise entschädigen zu wollen; Ihr dürft überzeugt sein, daß es uns lieb und angenehm war, zu hören, daß er bei Eurer Schwertleite und Hochzeit zugegen sein will." Walther ist in den Jahren um 1200 durch ganz Deutschland geritten, ja bis Paris und zum Po gekommen, und es ist nicht undenkbar, daß er Boncompagno gekannt hat.

Zunächst treffen wir ihn aber noch an Philipps Hofe, und wir hören ihn da noch manchmal in den beiden neuen Weisen singen, im Philippston und im langen Ton. Die Weihnachtstage 1199 zu Magdeburg gaben ihm eine Strophe ein, die ganz von dem sanften Wandelrhythmus eines kaiserlichen Festzuges erfüllt ist, den er mit ansah:

Ez gienc eins tages als unser herre wart geborn
von einer maget, dier im ze muoter hate erkorn,
ze Megdeburc der künec Philippes schone [1].
Da gienc eins keisers bruoder und eins keisers kint
in einer wat [2], swie doch die namen drige [3] sint:
er truoc des riches zepter und die krone.
Er trat vil lise, im was niht gach [4]:
im sleich ein hohgeborniu küneginne nach,
ros ane dorn, ein tube [5] sunder gallen.
diu zuht was niener [6] anderswa:
die Düringe und die Sahsen dienten also da,
daz ez den wisen muoste wol gevallen.

---

[1] schön. [2] Kleid. [3] drei (der dritte Name ist König).
[4] eilig. [5] Taube. [6] nirgend.

In jener Zeit des Thronstreites hat man sich mit besonderer Betonung die Worte gesungen zu denken, daß Philipp die rechten Herrscherabzeichen getragen habe. Seine Gemahlin hieß Irene und war die Tochter des byzantinischen Kaisers Isaak; in Deutschland führte sie den Namen Maria, weshalb sie Walther, in der Stimmung des Geburtstagsfestes Christi, unwillkürlich mit Marienpoesie umkleidet. Damals hatte die ritterliche Gesellschaftskultur des staufischen Jahrhunderts die höchste Feinheit höfischen Gebarens erreicht.

Nicht ganz so sicher zu datieren, doch auch nahe um das Jahr 1200 gedichtet ist folgende der vorigen recht verwandte Strophe. Entweder — und das ist das wahrscheinlichste — entstand sie schon im September 1198 bei Philipps erster Krönung in Mainz oder drei Jahre danach auf dem Bamberger Krönungsfest, mit dem Philipp seine Bannung durch den Papst beantwortete und bei dem ihm die zahlreich versammelten Fürsten, darunter Bischof Wolfger von Passau, von neuem huldigten.

Diu krone ist elter danne der künec Philippes si:
da müget ir alle schouwen wol ein wunder bi,
wies' ime der smit so ebene[1] habe gemachet.
sin keiserlichez houbet zimt ir also wol,
daz si ze rehte nieman guoter scheiden sol:
ir deweder[2] da daz ander niht enswachet[3].
si lachent beide ein ander an,
daz edel gesteine wider den jungen süezen man:

---

[1] passend. [2] keins von beiden. [3] schwächt.

die ougenweide sehent die fürsten gerne.
swer nu des riches irre ge,
der schouwe, wem der weise ob sime nacke ste:
der stein ist aller fürsten leitesterne.

So konnte Walther damals in einer Hofgesellschaft singen, und die anwesenden Fürsten werden ihm Beifall gezollt haben. Wandte er sich aber im Herbst 1201 oder wenig später mit seinem einfachen langen Ton politisch an weitere Kreise, dann packte er vor allem den großen Gegensatz offen an, den die Stellung des Papstes (zugunsten Ottos) und seine im Sommer 1201 verkündigte Bannung Philipps in das deutsche Volk und in die deutsche Kirche gebracht hatten. Mit deutlicher Erinnerung an den Anfang seines vor drei Jahren gedichteten Aufrufs zur Krönung Philipps begann er wieder:

Ich sach mit minen ougen
manne und wibe tougen[1],
daz ich gehorte und gesach
swaz iemen[2] tet, swaz iemen sprach.
ze Rome horte ich liegen,
zwene künege triegen.
da von huop sich der meiste strit,
der e was oder iemer sit[3],
do sich begunden zweien
pfaffen unde leien.
daz was ein not vor aller not:
lip unde sele lac da tot.

[1] heimlich. [2] jemand, jedermann. [3] seitdem.

die pfaffen striten sere:
doch wart der leien mere.
diu swert diu leiten[1] si dernider,
und griffen zuo der stole wider:
si bienen[2] die si wolten,
und niht den si solten.
do storte man diu goteshus.
ich horte verre[3] in einer klus
vil michel ungebaere[4]:
da weinte ein klosenaere,
er klagete gote siniu leit:
'owe, der babest ist ze junc:
hilf, herre, diner kristenheit!'

Nicht so sehr den Zwist der beiden Könige Otto und Philipp hebt Walther heraus, sondern er betrachtet den großen Gegensatz als den der ritterlichen Laienwelt und der Klerikalgesinnten, wie er schon seit Heinrich IV. Deutschland immer wieder in zwei Lager getrennt hatte. Wie das frühere Gedicht, so holt auch dieses allgemein und weither aus und spitzt sich zum Schlusse zu einer Einzelerwähnung zu. Auch hier kam es Walther vor allem darauf an, das zu sagen, was in der vorletzten, der Waisenzeile, steht: der Papst ist zu jung[5], sein leidenschaftliches Vorgehen ist schuld an unserer politischen Not! Aber er wirft das nicht als seine Ansicht unter die Zuhörer, sondern viel wirkungsvoller als Worte eines frommen Klausners, die er gehört habe. Man braucht nicht zu zweifeln,

[1] legten. [2] bannten. [3] fern. [4] Ungebärde.
[5] Innozenz war mit 37 Jahren Papst geworden.

daß er dabei an einen wirklichen Klausner dachte; erwähnt er diesen Klausner doch auch in andern Gedichten als einen leicht erregbaren Charakter. Ein solcher Klausner, den Walther gekannt haben wird, lebte z. B. um 1214 in der Waldeinsamkeit bei Georgental, durch seine strengen Kasteiungen in der Umgegend berühmt. Er hieß Sifrid, wachte, betete, fastete, las Messe und band sich den Körper in Ketten; nach seinem Tode stritten sich die Mönche von Georgental und die von Reinhardsbrunn einen Tag lang um seinen Leichnam, bis ihn die Reinhardsbrunner frohlockend davontrugen, und an seinem Grabe geschahen Wunder.

Daß sich Walthers Verhältnis zu dem Staufer sehr bald nach der Jahrhundertwende lockerte, während er sich dem Landgrafen Hermann von Thüringen näherte, zeigen zwei andere Strophen aus den Jahren 1201 und 1202, noch im Philippston. Die eine zeiht Philipp einer Gebelaune, die ohne Verständnis dafür schalte, wie man Ehre durch Gabe erwerbe. Die andre schildert, humoristisch beginnend, das lärmende Treiben am Landgrafenhofe zu Eisenach, wo sich die Scharen der Gäste Tag und Nacht drängen und die Becher der Ritter nicht leer werden dürfen:

Der in den oren siech von ungesühte[1] si,
daz ist min rat, der laz den hof ze Dürengen fri:
wan kumet er dar, deswar[2] er wirt ertoeret[3].

[1] Gicht. [2] das ist wahr. [3] ganz betäubt.

Ich han gedrungen[1], unz[2] ich niht me dringen mac.
ein schar vert uz, diu ander in, naht unde tac.
groz wunder ist, daz ieman da gehoeret.
Der lantgrave ist so gemuot,
daz er mit stolzen helden sine habe vertuot,
der iegeslicher[3] wol ein kempfe waere.
mir ist sin hohiu fuor[4] wol kunt:
und gulte ein fuoder guotes wines tusent pfunt,
da stüende doch niemer ritters becher laere.

Vorübergehend hat Walther zu Anfang des neuen Jahrhunderts auch wieder am Wiener Hofe geweilt, entweder bei der Schwertleite des jungen Herzogs Leopolds VI. Ende Mai 1200 oder bei dessen Trauung mit der byzantinischen Prinzessin Theodora Anfang November 1203, bei der Bischof Wolfger von Passau die kirchlichen Weihen erteilte; vielleicht beidemal. Von einem dieser Feste kommend, sang er in seinem alten Wiener Hofton:

Ob ieman spreche, der nu lebe,
daz er gesaehe ie groezer gebe[5],
als wir ze Wiene haben durch ere enpfangen?
Man sach den jungen fürsten geben,
als er niht langer wolte leben:
da wart mit guote wunders vil begangen.
Man gap da niht bi drizec pfunden,
wan silber, als ez waere funden,
gab man hin und riche wat[6].
ouch hiez der fürste durch der gernden[7] hulde

[1] mich gedrängt in der anströmenden Menge.
[2] bis. [3] von denen jeglicher. [4] Benehmen.
[5] Gabe. [6] Kleidung.
[7] des heischenden, des fahrenden Volkes.

die malhen[1] von den stellen laeren.
ors[2], als ob ez lember[3] waeren,
vil maneger dan gefüeret hat.
ezngalt[4] da nieman siner alten schulde:
daz was ein minneclicher rat.

Ob er wohl bei der vorletzten Zeile an ein eigenes Unrecht dachte, das ihm 1198 den Wiener Aufenthalt nach dem Regierungsantritt Leopolds VI. verdarb? Ohne Frage hat er aber bei dem Feste, von dem er hier singt und sagt, selber als Sänger mitgewirkt. Unter seinen Minneliedern aus dem Beginne des Jahrhunderts, wo er, eben weit herumgekommen, doch gern das volle Lob heimischer höfischer Zucht und Sitte sang, ist jenes Preislied auf die deutschen Frauen für den Wiener Hof gedichtet worden, worin er ihr allgemeines Lob so schön wie kein anderer vorgetragen hat. Nachdem andere Sänger vor ihm gesungen hatten, hub er liebenswürdig, selbstbewußt und verhalten an — seine ganze Freude, nach langem Umgetriebenwerden in der Fremde wieder einmal am Wiener Hofe in hohem Stile den Frauen zu Ehren singen zu dürfen, atmet in dem Liede, das man sich auf der Reise nach Wien zu dem Feste entstanden denken muß —:

Ir sult sprechen willekomen:
der iu maere bringet, daz bin ich.
Allez daz ir habt vernomen,
daz ist gar ein wint: nu fraget mich!

[1] Säcke. [2] Rosse. [3] Lämmer. [4] es entgalt.

Ich wil aber miete:
wirt min lon iht[1] guot,
ich sage iu vil lihte, daz iu sanfte tuot.
seht, waz man mir eren biete.

Ich wil tiuschen frowen sagen
solhiu maere, daz si deste baz
Al der werlte[2] suln behagen;
ane groze miete tuon ich daz.
Waz wold ich ze lone?
sie sint mir ze her:
so bin ich gefüege, und bite si nihtes mer
wan daz si mich grüezen schone.

Ich han lande vil gesehen
unde nam der besten gerne war:
Übel müeze mir geschehen,
kunde ich ie min herze bringen dar,
Daz im wol gevallen
wolde fremeder site.
nu waz hulfe mich, ob ich unrehte strite?
tiuschiu zuht gat vor in allen.

Von der Elbe unz an den Rin
und her wider unz an Ungerlant,
So mügen wol die besten sin,
die ich in der werlte han erkant.
Kan ich rehte schouwen
guot gelaz[3] unt lip,
sem mir got[4], so swüere ich wol, daz hie diu wip
bezzer sint danne ander frouwen.

Tiusche man sint wol gezogen,
rehte als engel sint diu wip getan.
Swer si schildet[5], derst betrogen:
ich enkan sin anders niht verstan.

---

[1] irgend, etwa. [2] Welt. [3] Gehaben, Aussehen.
[4] so wahr mir Gott helfe. [5] schilt.

Tugent und reine minne,
swer die suochen wil,
der sol komen in unser lant, da ist wünne vil:
lange müeze ich leben dar inne!

Und dem allgemeinen Preis deutscher Sitte und deutscher Frauen fügt er zum Schluß noch eine Strophe für „seine Frau“ an, wobei ihm unwillkürlich alte Reime, dereinst am Wiener Hofe gesungen (vgl. S. 27 unten), wieder lebendig werden:

Der ich vil gedienet han
und iemer mere gerne dienen wil,
Diust[1] von mir vil unerlan[2]:
iedoch so tuot si leides mir so vil.
Si kan mir verseren[3]
herze und den muot.
nu vergebez ir got, dazs' an mir missetuot;
hernach mac si sichs bekeren.

So lenkt er mit der letzten leise scherzenden Zeile nach all den starken Worten der mittleren Strophen wieder in den heiteren Ton des Anfangs ein. Der Vortrag dieses Liedes war einer seiner größten Sängererfolge.

Wie ein Ausklang des Wohlgefühls, das ihn selbst nach solchem Gesang erfüllte, und wie ein Echo auf den Dank, den ihm die Frauen für einen solchen Gesang durch schönes Grüßen zollten, beginnt das Lied:

Ich gesprach nie wol von guoten wiben,
was mir leit, ich 'nwurde fro.

[1] die ist. [2] unerlassen, nicht losgelassen. [3] verwunden.

Sende[1] sorge kunde ich nie vertriben
minneclicher danne also.
Wol mich, daz ich in hohen muot
mit minem lobe gemachen kan,
und mir daz sanfte tuot.

Owe, wolte ein saelic wip alleine,
so getrurte ich niemer tac,
Der ich diene, und hilfet mich vil kleine,
swaz ich sie geloben mac.
Daz ist ir liep und tuot ir wol:
wan[2] si vergizzet iemer min,
so man mir danken sol.

Fremdiu wip diu dankent mir vil schone.
daz s' iemer saelic müezen sin!
Daz ist wider miner frouwen lone
mir ein kleinez denkelin[3].
Si habe den willen, den si habe,
min wille ist guot, und klage diu werc,
get mir an den iht abe[4].

Ein kleines Walthernachspiel zu der Wiener Hochzeit im November 1203 ist uns in den Reiserechnungen Bischof Wolfgers erhalten. Am Martinstag war Wolfger in Klosterneuburg. Nun pflegten die Fahrenden das Martinsfest mit lateinischen, gemischt lateinisch-deutschen und wohl auch deutschen Versen auf ihren Schutzpatron zu begehen; sie priesen ihn als Wohltäter der Armen, der sein Kleid mit diesen teile, und solche Lieder waren gewiß manchmal der Dank, daß sie sich bei dem Martinsschmaus eines vornehmen Herrn einfinden durften. Walther haben wir uns anwesend zu

[1] sehnende. [2] nur. [3] Dänklein. [4] etwas ab.

denken, als Bischof Wolfger in Klosterneuburg die Martinsgans aß und Klosterneuburger Wein trank, denn am folgenden Tage schenkte ihm der Bischof in dem nahen Zeiselmauer fünf Groẞsoldi zur Anschaffung einer Pelzkappe vor Beginn des Winters, nach dem Beispiele Sankt Martins.

Auch in diesen Wanderjahren sang Walther in neuen Liedern von der Dame, der er sich einst in Österreich vor allen zu eigen gegeben hatte. Vielleicht trug er auch unter den neuen Liedern ältere in neuer Gesellschaft wieder mit vor. Bei seinen neuen Liedern trat nun die Beziehung auf die eine Herrin nicht mehr so durchgehend und naiv zutage. Nur wenigen gab er Zeichen der Entstehung in Österreich, in der Nähe der geliebten Frau; meist dichtete er, ohne die leiseste inhaltliche Ortsbeziehung erkennen zu lassen. Manches der schönsten Minnelieder seiner Wanderjahre muß in Thüringen entstanden sein, wo er sich um 1206 wiederholt oder länger aufhielt.

Landgraf Hermann von Thüringen regierte von 1190 bis 1217, meist in Eisenach. Sein Vater Ludwig der Eiserne war Zeitgenosse Barbarossas gewesen und hatte dessen Schwester Jutta zur Gemahlin gehabt; Hermann war der Zeitgenosse von Barbarossas Söhnen und ihr leiblicher Vetter. In erster, kurzer Ehe war er mit Sophie von Wettin vermählt, in zweiter dann bis zu seinem Tode mit der Wittelsbacherin Sophie. Er war in jungen Jahren in Paris gewesen, und er pflegte auch später die Beziehungen zum französischen Hofe, zur französischen Politik und Dichtung. Denn er war ehrgeizig, künstlerisch lebhaft interessiert, ein unruhiger Kopf und in manchem Betracht der interessanteste Fürst seiner Zeit. Die Wartburg verwandelte er aus einem Wehrplatz in das schönste deutsche Residenzschloß. Der bedeutenden deutschen Dichtkunst der Zeit war er der bedeutendste Förderer, unter andern dichtete Wolfram von Eschenbach lange an seinem Hofe. In dem politischen Wirrwarr Deutschlands hielt er bald zu Otto, bald zu Philipp, auf seinen Vorteil bedacht. Seine zweite Gemahlin Sophie war eine fromme, ruhige Frau, ganz das Widerspiel ihres Mannes. Von seinen sechs Kindern wurde das älteste, die Prinzessin Jutta aus erster Ehe, mit dem jungen Landgrafen Dietrich von Meißen vermählt, der als Hermanns Nachbar von 1195 bis 1220 regierte.

Diesem Kreis trat Walther um 1205 wohl näher als vorher. Nicht als ob ihn alles hier angezogen hätte. Unangenehme Rivalen gab es auch hier. Der Fürst schied Gute und Böse nicht so, wie es Künstler wie Walther und Wolfram wünschten. Hermanns Stellung zu seinem staufischen Vetter erlaubte keinen vollen reichstreuen Sang, und das geliebte Wien und die Alpenheimat waren fern. Aber Kunstverständnis und Gönnerwille waren doch um 1206 hier am regsten.

Von den reiferen „Wechseln" Walthers möchte einer als Huldigung für die Landgräfin Sophie gedichtet sein. Der Sänger beginnt diesmal damit, daß er von der Dame, die er anredet, viel Tugend habe rühmen hören; wie zu einer neuen, werten Bekanntschaft spricht er, und der ruhige Ton des Ganzen erscheint eingegeben durch das Wesen einer besonders ruhigen Frau. Walthers balladenartiges Tagelied klingt so an Wolframs Weise an, daß es in der Zeit des Verkehrs mit diesem entstanden sein wird. Auch die kurzzeiligen Reimpaare einer Strophe wie

Do der sumer komen was
und die bluomen durch daz gras
wünneclichen sprungen,
alda die vogele sungen,
do kom ich gegangen
an einen anger langen,
da ein luter brunne entspranc:
vor dem walde was sin ganc,
da diu nahtegale sanc

womit er ein scherzhaftes Unterhaltungsstück, ohne Politik und ohne Minne, beginnt, erinnern an die Rhythmen der thüringischen Hofepik; wie Walther hier den Traum des Sängers unter der Linde, ein oft ausgebeutetes Spielmannsmotiv, bewußt in reiner, feiner Sphäre hält, das kann man sich nicht in seinen österreichischen Lehrjahren so entstanden denken. In der Gesellschaft des großen Epikers wandeln sich ihm auch andre sonst unmittelbar lyrisch ausgesprochene Lebens- und Liebessachen in Erzählung, am reizendsten das köstliche Geplauder des Mägdleins von dem Liebeslager „Unter der

Linden an der Heide", eines der ersten und das schönste aller Heidenröslein der deutschen Dichtung[1].

Walther verglich den Landgrafenhof einmal einem Gewürzgarten, und er bat den Fürsten um zweierlei: er solle für Augenweide am Hofe sorgen, wie sie das spielende Kind den zuschauenden Blumen gewähre, und er solle Unkraut ausjäten, einen wuchernden Dorn vom Beete ablenken, d. h. schlimme Gesellen vom Hofe entfernen. Daß es nicht selten zu einer Art Wettsingen an Hermanns Hofe gekommen ist, geht aus mancher Schlußzeile in Walthers Gedichten hervor, die sich an den nachfolgenden Sänger wendet. Spätere Geschlechter haben daraus den Wartburgkrieg gemacht, und um 1300 verlegte man ihn nicht ungeschickt in das Jahr 1207.

1208 wurde König Philipp, ohne in dem Thronstreit völlig gesiegt zu haben, ermordet. Walther von der Vogelweide war damals etwa vierzig Jahre alt.

---

[1] Man darf den Humor dieses gegenwärtig bekanntesten von Walthers Liedern nicht dadurch trüben, daß man es eine Dame vortragen läßt, etwa gar mit naiv-realistischen Andeutungen. Umgekehrt kann man sich Walthers Vortrag hier gar nicht reizvoll genug denken, schalkhaft und männlich spielend.

Meisterjahre.

Wenn man das Jahrzehnt des Doppelkönigtums Philipps und Ottos als die Wanderjahre Walthers bezeichnet und das folgende Jahrzehnt als seine Meisterjahre, so soll damit nicht gesagt sein, daß Walther nicht vorher schon Meisterwerke geschaffen habe, und auch nicht, daß er nachher nicht mehr gewandert sei. Aber das Jahrzehnt, in dem er am weitesten herumgekommen ist, liegt nun hinter ihm, und was er etwa zwischen 1208 und 1218 schafft, zeigt ihn allerdings im Besitze der größten sittlichen und künstlerischen Kraft und erst jetzt herangereift zum Lehrmeister.

Zweierlei trübt das Bild dieses Walther etwa zwischen seinem vierzigsten und fünfzigsten Jahre. Die Freudigkeit seines Minnesanges läßt nach. Und er gerät mehrfach in einen Gegensatz zu der neuen Zeit, die um ihn herum emporwachsen will. Es machen sich die kritischen Jahre geltend an der Wende der beiden Zeitalter der Söhne und der Enkel Barbarossas, teils in dem Kampf Ottos IV. und des jungen Friedrichs II., aber noch mehr in den neuen, derben Lebensansprüchen derer, die um 1210 jung in die gereifte und künstlerische Kultur der Väter hineinzugreifen beginnen.

Walther empfand am Anfang seiner vierziger Jahre, daß er bei jungen schönen Frauen um der ersten grauen Haare an seinen Schläfen willen nicht mehr das galt wie früher, daß ihm die rasche Jugend vorgezogen wurde. Das wurde ihm Anlaß zu folgender um so liebenswürdigerer Beschwerde über die Frau Minne und zur Kürzung seines Dienstes bei ihr.

Minne diu hat einen site,
daz si den vermiden wolde,
daz gezaeme[1] ir baz.
Da beswaert si manegen mite,
den si niht beswaeren solde:
we, wie zimt ir daz?
Ir sint vier unt zwenzec jar
vil lieber, danne ir vierzec sin,
und stellet sich vil übel, siht s' iender[2] grawez har.

Minne was min frouwe so gar,
deich wol wiste al ir tougen[3];
nu ist mir so geschehen:
Kumt ein junger ieze dar,
so wird ich mit twerhen[4] ougen
schilhend[5] an gesehen.
Armez wip, wes müet si sich?
weizgot wan daz si liste pfliget
und toren triuget, s' ist doch elter vil dann ich.

---

[1] geziemte. [2] irgendwo.
[3] daß ich alle ihre Geheimnisse kannte.
[4] queren. [5] schielend.

Minne hat sich an genomen,
daz si get mit toren umbe
springende als ein kint.
War sint alle ir witze komen?[1]
wes gedenket si vil tumbe?
s'ist joch[2] gar ze blint.
Daz s'ir ruschen[3] nienen lat,
und füere als ein bescheiden wip!
Si stozet sich, daz ez mir an min herze gat.

Minne sol daz nemen für guot,
under wilen so si ringet[4],
daz ich sitzen ge.
Ich han also hohen muot,
als einer der vil hohe springet:
we waz wil si's me?
Anders diene ich, swa ich mac.
Si besuoche, wa die sehse[5] sin:
von mir hat s' in der wochen ie den sibenden tac.

Eine ganze Reihe seiner Gedichte enthalten nun Klagen darüber, daß es so anders geworden sei als hievor, als e:

Leider ich muoz mich entwenen[6]
maneger wünne, der min ouge an sach.
War nach sol sich einer senen,
der niht geloubet, waz hie vor geschach?
Der weiz lützel[7], waz daz si: gemeit[8].

---

[1] Wohin ist ihr Verstand gekommen? [2] wahrlich.
[3] ihr Rauschen (Prangen) nicht läßt. [4] sich bemüht.
[5] sehe zu, wo sie an den übrigen sechs Tagen der Woche bleibe.
[6] entwöhnen. [7] wenig.
[8] fröhlich.

Er zweifelt nun, wie er Erfolg gewinnen soll; denn wie man neuerdings auftritt, das ist ihm immer zuwider gewesen, und wenn er sich so benehmen wollte, wie man früher pflag, so würde er sich vielleicht geradezu schaden. Doch will er seiner „Fuge", d. h. seinem gefügen Benehmen, noch so weit als Minnesinger trauen, daß das Werben der Ungefügen sonstwo angenehmer sein möge als bei seiner Dame:

Ichn weiz, wiechz[1] erwerben mac.
des man da pfligt, daz widerstuont mir ie.
Wirbe abr ich, so man e pflac,
daz schadet mir lihte: sus[2] enweiz ich wie.
Doch verwaene[3] ich mich der fuoge da,
daz der ungefüegen werben anderswa
genaemer si dan wider sie.

Mit wieviel Ausdrucksgehalt mag Walther die letzten Silben einer solchen Strophe auch jetzt noch vorgetragen haben! Er selbst gibt sein freundliches und frohes Wesen noch nicht auf, wenn ihm auch im Innersten manchmal ganz anders zumute ist. Die deutschen Männer und Frauen, deren Zucht er noch vor einem Jahrzehnt und mehr so überzeugt gepriesen hat, sollen wieder gut werden und seine Dame ihn trösten: nur dann kann er wieder ganz froh sein:

[1] wie ich es. [2] unter diesen Umständen, so.
[3] verlasse ich mich hoffend auf den Wert gefügen Benehmens.

Maneger waenet, der mich siht,
min herze si an fröuden ho.
Hoher fröude han ich niht,
und wirt mir niemer wider, wan also:
Werdent tiusche liute wider guot
und tröstet si mich, diu mir leide tuot,
so wirde ich aber wider fro.

Ein andermal verwahrt er sich dagegen, unter die Trübsalbläser gerechnet zu werden; denn er hat noch Hoffnung zu seiner Frau:

Die verzagten aller guoten dinge
waenent, daz ich mit in si verzaget:
Ich han trost, daz mir noch fröude bringe,
der ich minen kumber han geklaget.

Sein Bedauern darüber, daß die schöne gesellige Lust der Jahre um 1200 dahin sei, drückt er am schlichtesten und reinsten in dieser Strophe aus:

Ez tuot mir inneclichen we,
als ich gedenke, wes man pflac
In der werlte wilent e.
owe, deich niht vergezzen mac,
Wie rehte fro die liute waren!
do kunde ein saelic man gebaren,
unde spilte [1] im sin herze gein [2] der wünneclichen zit.
sol daz niemer me geschehen,
so müet mich, daz ichz han gesehen.

Das Nachlassen des geselligen Lusteifers wurde auch von andern beklagt, auch andere fragten sich nach dem Grunde dieser Kulturtrübung. Zweierlei brachte

[1] spielte, war munter, fröhlich, rührig. [2] gegen.

man da vor, und Walther faßte es in folgender Strophe zusammen:

Die herren jehent[1], man sül'z den frouwen
wizen[2], daz diu werlt so ste.
sie sehent niht froelich uf als e,
sie wellent alze nider schouwen.
Ich habe ouch die rede gehoeret:
sie sprechent, daz in fröude stoeret,
Sie sin me dan halbe verzaget
beidiu libes unde guotes[3],
niemen helfe in hohes muotes.
wer sol rihten? hie 'st geklaget.

Man bemerkte, daß die Frauen sich abweisender hielten, die Blicke senkten, es an Fröhlichkeit fehlen ließen — doch wohl, weil die Männer zu dreist wurden — und daß die Gebelust, um nicht zu sagen die Verschwendung der Mächtigen aufhörte — vermutlich, weil die Mittel zum großen Teil erschöpft waren. Damit ging auch die Sangeslust zurück. Ja, eine lose Dame erlaubte sich die Bemerkung, Walther habe „ausgelobt". Das wies er freilich als einen schlechten Scherz zurück: wenn sie nicht alle gut seien, könne er sie nicht alle loben.

Ein frowe wil ze schedeliche
schimpfen[4], ich habe uz gelobet.
si tumbet, obe si niht entobet[5].
jo 'nwart ich lobes noch nie so riche!

[1] sagen. [2] verweisen, sie darum schelten, strafen.
[3] sie seien nicht mehr jung genug, nicht reich genug.
[4] scherzen. [5] sie ist unverständig, wenn nicht von Sinnen.

Törst[1] ich vor den wandelbaeren[2],
so lobte ich, die ze lobenne waeren.
Des enhaben deheinen muot[3],
ichn gelobe si niemer alle,
swiez[4] den losen missevalle,
si enwerden alle guot.

Und daran schließt er folgendes neue schöne Lob der Geliebtesten:

Ich weiz si, diu daz niht ennidet,
daz man nennet reiniu wip.
so rehte reine so'st[5] ir lip,
daz si der guoten lop wol lidet.
Er engap ir niht ze kleine,
der si geschuof, schoen unde reine.
Der diu zwei zesamne sloz,
wie gefuoge[6] er kunde sliezen!
er solt iemer bilde giezen,
der daz selbe bilde goz.

Manches dieser Lieder mag noch in Thüringen oder Meißen gesungen worden sein, wo sich Walther während Ottos unbestrittener Regierungszeit u. a. aufgehalten hat. Gehört in einen der meißnischen Winter um 1211 doch auch das Meisterstück unter seinen Vokalspielgedichten. Schon in Winter- und Frühlingsgedichten jüngerer Jahre hatte er Anläufe zu solcher Reimkunst genommen in der Strophe:

Der rife[7] tet den kleinen vogelen we,
daz sie niht ensungen.

---

[1] wagte, dürfte. [2] den Fehlerhaften.
[3] Mögen sie deshalb keine Erwartung haben.
[4] Wie sehr es. [5] so ist. [6] passend. [7] Reif.

Nu hort' ichs' aber wünneclich als e,
nu ist diu heide entsprungen.
Da sach ich bluomen striten wider den kle,
weder ir[1] lenger waere.
miner frouwen seit[2] ich disiu maere.

(Darauf folgen zwei Strophen mit den stumpfen Reimen not, rot, tot und tac, slac, pflac.) Weiter vorgeschritten auf diesem Wege zeigt ihn das Gedicht in hüpfendem Rhythmus:

Uns hat der winter geschadet über al,
heide unde walt diu sint beidiu nu val[3],
da manic stimme vil suoze inne hal.
saehe ich die megde an der straze den bal
werfen, so kaeme uns der vogele schal.

Möhte ich verslafen des winteres zit!
wache ich die wile, so han ich sin nit[4],
daz sin gewalt ist so breit und so wit.
weizgot, er lat noch dem meien den strit:
so lise ich bluomen, da rife nu lit.

Aber wieviel reicher nach Form und Stimmung und Gedanken ist nun das meißnische Winterlied!

Diu werlt was gelf, rot unde bla[5],
grüen in dem walde und anderswa,
die kleinen vogele sungen da.
nu schriet aber diu nebelkra.
pfligt si iht ander varwe? ja:
s'ist worden bleich und übergra;
des rimpfet sich vil manic bra[6].

[1] welche von ihnen. [2] sagte. [3] fahl.
[4] so hasse ich ihn. [5] gelb, rot und blau. [6] Braue.

Ich saz uf eime grüenen le[1],
da ensprungen bluomen unde kle
zwischen mir und eime se.
der ougenweide ist da niht me;
da wir schapel[2] brachen e,
da lit nu rife und ouch der sne.
daz tuot den vogellinen we.

Die toren sprechent 'snia sni',
die armen liute 'owe, owi'.
des bin ich swaere alsam ein bli.
der wintersorge han ich dri;
swaz der und der andern si
der wurde ich alse schiere fri,
waer uns der sumer nahe bi.

E danne ich lange lebte also,
den krebz wolt ich e ezzen ro.
sumer, mache uns aber fro!
du zierest anger unde lo[3]:
mit den bluomen spilte ich do,
min herze swebte in sunnen ho;
daz jaget der winter in ein stro[4].

Ich bin verlegen als ein su[5],
min sleht har ist mir worden ru.
süezer sumer, wa bist du?
ja saehe ich gerner veltgebu,
e daz ich lange in solher dru
beklemmet waere, als ich bin nu,
ich wurde e münch ze Toberlu.

---

[1] Hügel. [2] Blumenkränze. [3] Wald.

[4] Den Mut, der im Sommer in Sonnenhöhe schwebt, jagt der Winter in einen Strohhalm (vgl. ins Bockshorn jagen).

[5] eine Sau (eine spätere Handschrift hat das gemildert zu 'Esau', der aber nicht verlegen im alten Sinne war).

Die letzten vier Zeilen heißen: wahrhaftig, ich (aufgewachsen in der Sonne Südtirols) sähe lieber Bergwerk — dies ist veltgebu — im dunkeln Erdinnern um mich, als daß ich lange in solcher Falle eingesperrt bliebe, wie ich jetzt bin, ich würde eher Mönch in Dobrilug (dem neuen, in endloser Waldöde gegründeten und 1210 an Meißen gekommenen Zisterzienserkloster). Der lichtfrohe und gesellige Walther ist es, der hier den einsamen nördlichen Winter in guter Laune verwünscht.

Ein Winterlob Walthers auf den Landgrafen Hermann in diesen Jahren lautet:

Ich bin des milten lantgraven ingesinde.
ez ist min site, daz man mich iemer bi den tiursten vinde.
die andern fürsten alle sint vil milte, iedoch
so staeteclichen niht, er was ez e und ist ez noch.
davon kan er baz danne si dermite gebaren,
er enwil dekeiner lune varen[1].
swer hiure schallet[2] und ist hin ze jare boese[3] als e,
des lop gruonet unde valwet[4] so der kle.
der Dürnge bluome schinet durch den sne:
sumer und winter blüet sin lop als in den ersten jaren.

Walther rechnete sich damals zu dem Hausgefolge des alternden Landgrafen. Vielleicht hatte er an der Erziehung von dessen Söhnen teil. Denn an den jungen Ludwig läßt er nach des Vaters Tode einmal eine Mahnung ausrichten mit den Worten: der mane in umb min leren, der erinnere ihn im

[1] sich nicht launisch, unbeständig benehmen.
[2] in Saus und Braus lebt. [3] übers Jahr geizig. [4] falbt.

Hinblick auf meine Lehre, um meiner Lehre willen, die ich ihm, dem jungen Landgrafen, einst gegeben habe. Die leichten, hübschen Knaben- und Knappenregeln Walthers könnten während dieser Lehre entstanden sein, vielleicht schon kurz vor 1210:

Nieman kan mit gerten
kindes zuht beherten[1];
den man z'eren bringen mac,
dem ist ein wort als ein slac.
dem ist ein wort als ein slac,
den man z'eren bringen mac;
kindes zuht beherten
nieman kan mit gerten.

Dazu die drei Hauptgebote: hütet eure Zungen, eure Augen, eure Ohren und die zusammenfassende Schlußstrophe:

Hüetet wol der drier
leider alze frier.
zungen ougen oren sint
dicke schalchaft[2], z'eren blint.
dicke schalchaft, z'eren blint
zungen ougen oren sint.
leider alze frier
hüetet wol der drier.

Einen künstlerischen Scherz, mit dem die Spielleute manchmal tändelten, verwandte Walther so zugleich als Lernhilfe für kleine Geister; er ließ wohl auch die Melodie entsprechend gehen.

---

[1] bekräftigen, sichern. [2] oft niedrig, boshaft.

Im Jahre 1212 erscheint Walther auf einem Höhepunkte seiner nationalen Sendung. Betrachten wir die Ereignisse dieses merkwürdigen Jahres und Walthers dareingreifende Dichtung etwas näher!

Otto IV. hatte nach Philipps Tode rasch die allgemeine Anerkennung der deutschen Fürsten und die Achtung der Nation gewonnen und 1209 auch in Rom die Kaiserkrone. Als er sich aber anschickte, Sizilien für das Reich zu erobern, wo der junge Friedrich, Heinrichs VI. Sohn, eben mündig geworden war, bannte ihn Papst Innocenz, und bald darauf begannen auch in Deutschland geheime Verhandlungen gegen ihn zu Gunsten des jungen Staufers. Die Seele dieser neuen deutschen Gegenwirkung gegen Otto war Landgraf Hermann von Thüringen. Als freilich Otto Anfang März 1212, zum erstenmal als Kaiser, wieder auf deutschem Boden erschien, versammelten sich die meisten Laienfürsten auf seinen Ruf in Frankfurt am Main, wohin er einen Hoftag ausgeschrieben hatte, und erwarteten ihn dort, um ihm zu huldigen und mit ihm zu verhandeln. Unter ihnen kam auch Dietrich von Meißen, in dessen Dienst damals Walther stand. Walther durfte Palmsonntag den 18. März im Auftrage seines meißnischen Herrn ein Begrüßungsgedicht an den Kaiser vortragen, und es ist nicht unwahrscheinlich, daß damals alle sechs in dem Versmaß überhaupt vorhandenen prächtigen Strophen von ihm hintereinander gesungen worden sind.

Her keiser, sit ir willekomen!
der küneges name ist iu benomen,
des schinet[1] iuwer krone ob allen kronen.
Jur[2] hant ist krefte und guotes vol:
ir wellet übel oder wol,
so mac si beidiu rechen unde lonen.
Dar zuo sag ich iu maere:
die fürsten sint iu undertan,
sie habent mit zühten iuwer kunft erbeitet[3],
und ie[4] der Missenaere,
derst iemer iuwer ane wan,
von gote wurde ein engel e verleitet.

Der durch seine Erhabenheit überraschende Vergleich der Schlußzeile erhält eine erweiterte künstlerische Bedeutung, wenn Walther die nächste Strophe in gleicher Höhe des Gedankens eröffnete. Jedes nationale Königtum gilt ihm als gottgegeben; schlimm genug, daß die päpstliche Partei den früher von ihr anerkannten König Otto, den sie dann auch zum Kaiser gekrönt hat, nun befehdet:

Got git ze künege swen er wil.
darumbe wundert mich niht vil;
uns leien wundert umb der pfaffen lere.
Sie lerten uns bi kurzen tagen:
daz wellent s' uns nu widersagen.
nu tuon'z durch got und durch ir selber ere
Und sagen uns bi ir triuwen,
an welher rede wir sin betrogen,
volrecken[5] uns die einen wol von grunde,
die alten ode die niuwen.

[1] glänzt. [2] Eure. [3] erwartet.
[4] immer. [5] vollständig darlegen.

uns dunket, einez si gelogen.
zwo zungen stant unebne in einem munde.

War es nicht in Wirklichkeit ein einziger Mund, von dem dieser Wankelmut des deutschen Klerus ausging, der Mund des Papstes? Walther durfte im engsten Anschluß an das vorige und, mit ironisch verändertem Gebrauch der Anrede der ersten Strophe, sich an diesen fernen „Herren" wenden und vor dem Kaiser fortfahren:

Her babest, ich mac wol genesen,
wan ich wil iu gehorsam wesen.
wir horten iuch der kristenheit gebieten,
Wes wir dem keiser solten pflegen,
do ir im gabt den gotes segen,
daz wir in herren hiezen und vor im knieten.
Ouch sult ir niht vergezzen:
ir sprachet 'swer dich segene, der si
gesegnet, swer dir fluoche, si verfluochet
mit fluoche volmezzen'.
durch got bedenket iuch da bi,
ob ir der pfaffen ere iht geruochet[1].

Wie eine Parabel zur Gegenwart konnte er Christi Gespräch mit den Pharisäern über des Kaisers Recht einschalten, eine Widerlegung des Papstes, des neuen Judas, wie er ihn ein andermal nennt, durch Christus selbst:

Do gotes sun hie'n erde gie[2],
do versuohten in die juden ie[3];

---

[1] wenn euch die Ehre der Geistlichen irgendwie kümmert, am Herzen liegt.

[2] ging. [3] immer.

sam[1] taten s' eines tages mit dirre[2] frage.
Sie fragten, ob ir friez leben
dem riche iht zinses solte geben.
do brach er in die huote und al ir lage[3].
Er iesch[4] ein münizisen[5].
er sprach: 'wes bilde ist hinne ergraben?'
'des keisers', sprachen do die merkaere.
do riet er den unwisen,
daz sie den keiser liezen haben
sin keisers reht und got swaz gotes waere.

Kaisers Recht und Gottes Recht! Diese Vorstellung ermutigt nun Walther, in der großartigen fünften Strophe den Wunsch vieler frommer Ritter nach einem Kreuzzug vorzutragen. Die religiöse Stimmung begann damals zu wachsen, sie artete in den Frühsommermonaten desselben Jahres zu dem Kinderkreuzzug aus, Otto selbst hatte im geheimen schon das Kreuz genommen, eben erst hatte ihm in Italien Gervasius von Tilbury empfohlen, das Schwert gen Byzanz zu richten. Walther redet als Bote des höchsten Herren:

Her keiser, ich bin fronebote
und bring iu boteschaft von gote.
ir habt die erde, er hat daz himelriche;
Er hiez iu klagen, ir sit sin voget[6].
in sines sunes lande broget[7]
diu heidenschaft iu beiden lasterliche.
Ir müget im gerne rihten;
sin sun der ist geheizen Krist,

[1] so. [2] dieser. [3] Hinterhalt. [4] heischte.
[5] Münzprägestempel. [6] Rechtsschirmherr.
[7] protzt.

er hiez iu sagen, wie erz verschulden welle.
nu lat in zuo iu pflihten.
er rihtet iu, da ér voget ist,
klagt ir joch über den tievel uz der helle.

Bei der letzten Zeile dachten Sänger, Kaiser und Fürsten an die Taten des Papstes; in Rom hatte Johann Capocci diesen bei der Predigt unterbrochen: „Dein Mund ist Gottes Mund, aber deine Werke sind Werke des Teufels", und Walther selbst rief bald darauf den päpstlich gesinnten vornehmen deutschen Geistlichen zu: „Ihr Bischöfe und ihr edeln Pfaffen seid verleitet; seht, wie euch der Papst mit des Teufels Stricken harft (saitet[1])." Namentlich die Schreiben des Papstes an die deutschen Fürsten im Jahre 1211 waren es gewesen, die in Deutschland Mißtrauen und Feindschaft gegen Otto hervorgerufen hatten. Frieden im Reiche herzustellen war jetzt Ottos erste Aufgabe. Dann werde die Anerkennung der Führerstellung Deutschlands auch bei den Nachbarn wiederkehren, dann würden sie sich dem Kreuzzug Ottos anreihen, so meint Walther, und er schließt mit einer unmittelbaren Hinwendung wieder zum Kaiser selbst, mit dem er begonnen

[1] iu seitet, was schon die Schreiber um 1300 nicht mehr verstanden und durch iuch seret ersetzten, zuwider dem Reim auf verleitet. Walther ging täglich mit Harfen- und Geigensaiten um; während er die Zeile sang, hatte er wahrscheinlich die Finger an den Saiten. Am Schluß derselben Strophe spricht er wieder von den Rohren (Pfeifen) des päpstlichen Rattenfängers.

hat, spielt auf sein gewiß in der Frankfurter Versammlung sichtbares neues Kaiserwappen an, das als das erste gespaltene aller Augen auf sich zog, und preist des Löwen Tapferkeit und — der arme Spielmann — des Aaren „Milde“:

Her keiser, swenne ir Tiuschen fride
gemachet staete bi der wide[1],
so bietent iu die fremeden zungen ere.
Die sult ir nemen an' arebeit[2]
und süenen al die kristenheit;
daz tiuret[3] iuch und müet die heiden sere.
Ir tragt zwei keisers ellen[4],
des aren tugent, des lewen kraft:
die sint des herzeichen an dem schilte.
die zwene hergesellen,
wan wolten s' an die heidenschaft!
waz widerstüende ir manheit und ir milte?

So Walther vor Kaiser Otto im März 1212. Zu Pfingsten hielt Otto Reichstag zu Nürnberg, wieder war der Meißner zu wichtiger Verhandlung anwesend und mit ihm wohl Walther. Im Sommer zog dann der Kaiser gegen seinen gefährlichsten Widersacher unter den deutschen Laienfürsten, den Landgrafen von Thüringen. Dieser mußte sich auf wenige feste Plätze beschränken, während Otto im Bunde mit dem Meißner das Land verheerte. In diesen Kämpfen traf Otto die erste geheime Nachricht, daß der staufische Friedrich von Sizilien unterwegs sei, um sich das deutsche Reich seiner Väter

[1] bei Strafe des Stranges. [2] ohne Schwierigkeit.
[3] verherrlicht. [4] Kräfte.

zu gewinnen; es war Wolfger, der frühere Passauer Bischof und jetzige Patriarch von Aquileja, wie einst Philipps, so nun Ottos treuester Anhänger, der die Mitteilung sandte und dabei den schon früher ausgesprochenen Gedanken dringend anriet, Otto möge sich schleunigst mit Philipps ältester Tochter Beatrix vermählen, um so als berechtigter Vertreter auch der staufischen Erb- und Thronfolge gelten zu können. Otto folgte dem Rate sofort. Von der Belagerung von Weißensee, an der Dietrich teilhatte, begab er sich nach Nordhausen und feierte dort, der zweiunddreißigjährige tapfere Kaiser mit der rasch herbeigeholten vierzehnjährigen Prinzessin, die Hochzeit am 22. Juli. Gewiß war Markgraf Dietrich von Meißen bei dem Feste zugegen, und wie hätte dessen Dienstmann, der berühmteste deutsche Minnesinger, dabei geschwiegen haben sollen? Er mag mehrere Lieder vorgetragen haben, darunter das folgende, dessen Anfang an Lieder gegen die Selbstrühmer anknüpft und Walthers Zugehörigkeit zur höfischen Gesellschaft rechtfertigt mit dem Gegenbild des durch seinen Sang schon ähnlich wie seine „Fraue" berühmt gewordenen Klausners:

Ob ich mich selben rüemen sol,
so bin ich des ein hübescher man,
Daz ich so mange unfuoge dol[1],
sowol als ichz gerechen kan.
Ein klosenaere[2], ob erz vertrüege? ich waene, er nein.

[1] vertrage. [2] Vgl. oben S. 44.

haet er die stat, als ich sie han,
bestüende in danne ein zörnelin,
ez wurde unsanfter widertan.
wie sanfte ichz also laze sin,
daz und ouch me vertrage ich doch durch eteswaz.

Diese Einleitung spannt auf das folgende durch ihren Schluß sachlich und durch ihre Binnenreime auch künstlerisch. Und nun wendet sich Walther in Gedanken an seine ferne Fraue, und früher gesprochene Worte der Dame, die er im Herzen bewahrt hat, treten hervor, und er schmiedet eine neue, geistreiche Liebesbitte daraus:

Frouwe, ir habt mir geseit also,
swer mir beswaere minen muot,
Daz ich den mache wider fro,
er schame sich lihte und werde guot.
Diu lere, ob si mit triuwen si, daz schine an iu.
ich fröwe iuch, (ir beswaeret mich)
des schamt iuch, ob ichz reden getar[1],
— lat iuwer wort niht velschen sich —
und werdet guot, so habt ir war.
vil guot sit ir, wan daz ich guot von guote wil.

Seine Verse plaudern davon, daß es sie garnicht zu bekümmern brauche, sie es vielleicht garnicht erfahre, daß er hier von ihr singe und in diesem vornehmsten Kreise dadurch Dank gewinne:

Frouwe, ir sit schoene und sit ouch wert;
den zwein stet wol genade bi.
Waz schadet iu, daz man iuwer gert[2]?

[1] darf. [2] begehrt.

joch[1] sint iedoch gedanke fri.
Wan unde wunsch, daz wolde ich allez ledic lan:
höveschent mine sinne dar[2],
waz mag ichs, gebent s' iu minen sanc?
des nemet ir lihte niender[3] war;
so han ichs doch vil hohen dank.
treit iuch min lop ze hove, daz ist min werdekeit.

Manche Wendungen und Gedanken aus der frühen österreichischen Zeit klingen hier an. Damals hatte er gesungen: diu liebe stet der schoene bi und diu huote kan niemer von ir liebe mich gewenden, twinget si daz eine (den lip), so ist daz ander fri (der wan) und waz ich doch gedinges unde wanes han verlorn! Aber wieviel gedrängter, fast überhaltig wird jetzt in Nordhausen alles gesagt! Er schließt mit einem kühnen, schönen Bilde und gibt ihm eine verwegen-bescheidene, schelmische Wendung auf das zuhörende kaiserliche Paar:

Frouwe, ir habet ein werdez tach[4]
an iuch geslouft[5], den reinen lip.
Wan ich nie besser kleit gesach;
ir sit ein wol bekleidet wip.
Sin unde saelde[6] sint gesteppet wol darin.
getragene wat[7] ich nie genam;
dise naem ich, als gerne ich lebe.
der keiser wurde ir spileman
umb also wünnecliche gebe.
da, keiser, spil! nein, herre keiser, anderswa.

[1] fürwahr.
[2] sind meine Sinne in dieser Richtung höfisch tätig.
[3] niemals. [4] Dach, Hülle. [5] angezogen. [6] Glück.
[7] Kleid.

Ottos Glück zerrann schnell. Beatrix starb nach drei Wochen. Er konnte Weißensee nicht nehmen, glaubte Friedrich entgegeneilen zu sollen, mußte aber Schritt um Schritt vor ihm zurückweichen, während Friedrichs Anhang wuchs. 1213 führte er in Mitteldeutschland verzweifelte Kämpfe gegen den Eindringling; zu Ende dieses Jahres ging auch Dietrich von Meißen zu Friedrich über. Um dieselbe Zeit vermutlich Walther. Er hatte Ottos antiklerikale Politik noch in heißen Streitliedern gegen die Pfaffen und den Papst erfolgreich vertreten, aber umsonst Otto um Belehnung mit einem Anwesen gebeten; Otto konnte ihm nur die leere Versprechung machen, er welle in noch richen, er wolle ihn noch reich machen. Friedrich dagegen erwies sich dem berühmten Sänger sofort freigebig; doch trat Walther der großen nationalen Politik in den nächsten Jahren ferner.

Das Verhältnis Walthers zu Dietrich von Meißen löste sich in nicht freundlicher Weise, auch das zu Hermann von Thüringen irgendwie. So zog es Walther in den nächsten Jahren wieder stark nach dem deutschen Südosten. Er empfing nun Gaben von Herzog Bernhard von Kärnten, dem Grafen von Katzenellenbogen, den beiden Babenbergern Heinrich von Mödling und seinem Neffen Leopold VI. von Wien und von seinem alten Gönner, dem Patriarchen Wolfger von Aquileja. Solange er der drei letztern Gunst habe, brauche er nicht wie ein Händler auf weite Reisen zu gehen, bekannte er einmal dankbar scherzend.

Am stärksten zog ihn immer wieder Wien an, so vieles sich hier seit der schönen Zeit vor nun fast zwanzig Jahren geändert hatte. Von 1217 bis 1219 war Herzog Leopold in Palästina, vorher und nachher sang Walther vor ihm; in seiner Abwesenheit beklagte er den verödeten Wiener Hof in der alten Wiener Hofweise. Eine neue Jugend fand mit derben Liedern mehr Beifall, ihr Führer war der bayrische Ritter Neidhart von Reuental, Leopolds Begleiter auf der Kreuzfahrt. Manches Lied hat Walther davon zu singen gewußt, wie umgekehrt die Jungen über seine Art und Kunst spotteten. Dieses Mißverhältnis gab ihm einen neuen Streitton ein. In einer Strophe davon, außerhalb Österreichs, aber auf dem Wege dorthin gesungen, erklärt er, nun auch von dem „scharfen Sang", den neuen Singgrobheiten, kräftig Gebrauch machen zu wollen; wenn die Gegner seinen feinen höfischen Sang Zuckerbrot, Stollen schölten, so wolle er schon für Mehlknollen sorgen, um ihnen den Hals zu stopfen:

singe ich minen höveschen sanc, so klagent sie'z stollen [1].
deswar, ich gewinne ouch lihte knollen,
sit sie die schalkheit wellen, ich gemache in vollen kragen!

An einem kleineren Hofe, wo die klassische Kunst hochgehalten wurde, sang er u. a. die Strophe:

[1] Noch ein solcher vereinzelter Doppelakkusativ in Walthers Kreuzlied: der touf sie seit unkristen. Vgl. auch den heutigen Künstlerausdruck 'Schmarren'.

Die so frevellichen schallent.
der muoz ich vor zorne lachen,
Daz s'in selben wol gevallent
mit als ungefüegen sachen.
Die tuont sam die frösche in eime se,
den ir schrien also wol behaget,
daz diu nahtegal da von verzaget,
so si gerne sunge me.

Zeit und Menschen wurden anders — 1216 starb Papst Innocenz, 1217 Landgraf Hermann, 1218 Patriarch Wolfger —, aber die Meisterin der deutschen Nachtigallen verzagte nicht und sang noch mehr.

Altersdichtung.

Die zwanziger Jahre des dreizehnten Jahrhunderts waren eine religiös stark erregte Zeit. Damals zogen die neuen Orden der Franziskaner und Dominikaner in die deutschen Städte ein. Der seit 1215 beabsichtigte und 1228 ausgeführte Kreuzzug Friedrichs II. beschäftigte die Gemüter. In Thüringen regierte das junge Herrscherpaar Ludwig und Elisabeth, die beide bald nach ihrem Tode heilig gesprochen wurden. Dies alles war durch eine tiefe Kluft von der neuen, sich dreister als je äußernden Weltlust geschieden.

1220 im April hielt König Friedrich II. Hoftag zu Frankfurt am Main und bestellte die deutschen Angelegenheiten, bevor er nach Italien zur Kaiserkrönung und zur Erfüllung seines Kreuzzuggelübdes aufbrach. Hier in Frankfurt richtete er eine Reichsverwesung ein, die statt seines noch unmündigen, doch schon zum König gekrönten Sohnes Heinrich regieren sollte; an ihre Spitze trat bald der Erzbischof Engelbert von Köln. Hier erschien auch

Deutschlands berühmtester Sänger in schlichtem Gewande, ein ergrauter Künstler von höchstem Rang, Herr Walther von der Vogelweide, dichtete und sang für den Staufenkönig, gegen die Fürsten, denen dieser neue geniale Herr bald unbequem geworden war, und trat in Verbindung mit dem Erzbischof Engelbert. Hier erbat er nun von Friedrich, worum er Otto vergebens gebeten hatte, die Belehnung mit einem Hofe als Anerkennung seiner dem Reiche geleisteten Dienste und als Verpflichtung zu weiterem Minne- und Reichssang.

Von Rome vogt, von Pülle künec[1], lat iuch erbarmen
daz man mich bi richer kunst lat alsus armen.
gerne wolde ich, möhte ez sin, bi eigem fiure erwarmen.
Zahi[2], wie'ch danne sunge von den vogellinen,
von der heide und von den bluomen, als ich wilent sanc!
swelch schoene wip mir denne gaebe ir habedanc,
der liez ich liljen unde rosen uz ir wengel schinen.
Sus[3] rite ich fruo und kume niht heim: 'gast, we dir, we!'
so mac der wirt wol singen von dem grüenen kle[4].
die not bedenket, milter künec, daz iuwer not zerge.

Und diesmal wurde ihm Gewährung: der König belehnte ihn mit einem Hofe in Würzburg. Walther dankte in einem Liede auf dieselbe Melodie, wie er die Bitte vorgetragen hatte, er freute sich wie ein Kind:

---

[1] König von Apulien (und Sizilien). [2] Hei!

[3] So, wie die Dinge jetzt liegen.

[4] Dagegen kann der Besitzer eines Hofes mit Wiese wohl seinen Klee loben (vgl. die Redensart: etwas über den grünen Klee loben).

Ich han min lehen, al diu werlt, ich han min lehen!
nu enfürhte ich niht den hornunc[1] an die zehen
und wil alle boese herren dester minre flehen.
Der edel künec, der milte künec hat mich beraten,
daz ich den sumer luft[2] und in dem winter hitze han,
min nahgeburen dunke ich verre[3] baz getan,
sie sehent mich niht mer an in butzen wis[4] als sie wilent taten.
Ich bin ze lange arm gewesen an' minen danc,
ich was so volle scheltens, daz min aten stanc;
daz hat der künec gemachet reine und dar zuo minen sanc.

Wir dürfen uns in den nächsten Jahren Walther auf seinem Würzburger Lehen heimisch werden denken. Daß es den Namen Vogelweidhof erhielt, ist wahrscheinlich — noch hundert Jahre später heißt ein Würzburger Hof so, wohl eben Walthers einstiger Sitz —; daß Walther den Namen auch durch Pflege von Vögeln wahrgemacht habe, wie die Sage erzählt, auch das wird man von dem ausgesprochenen Vogelfreunde gern glauben. Aber er beschränkte sich noch nicht auf beschauliche Alterseinsamkeit. Mancher seiner Sprüche der nächsten Jahre zeigt ihn in Beziehung zu Kaiser Friedrich, der in Italien weilte, zu Engelbert von Köln, den er preist und mit dem er zusammen arbeitet und dessen Ermordung 1225 er in tiefster Entrüstung

[1] Februar, d. h. Kälte und Frost.

[2] Es muß also ein schattiger, frischer Platz zu Walthers Lehen gehört haben.

[3] viel. [4] wie eine Vogelscheuche.

beklagt, zeigt ihn auch auswärts als Besucher eines Nürnberger Reichstages, überhaupt tätig teilnehmend an der Reichspolitik. Die Vermutung, daß er eine Zeit lang Lehrer des jungen Königs Heinrich gewesen sei, hat manches für sich; war doch auch der Bischof Otto von Würzburg zum Leiter der Erziehung des Knaben Heinrich ernannt worden.

1225 am 29. November war große Doppelhochzeit zu Nürnberg: es wurden vermählt der vierzehnjährige König Heinrich mit der fünfundzwanzigjährigen Margarete von Österreich und deren Bruder mit einer thüringischen Prinzessin. Viele deutsche Fürsten kamen zu dem Feste zusammen; aber der Schatten der Ermordung Engelberts lag darüber, und weiteres Unheil schloß sich an: bei einem Getümmel wegen der Ächtung des Mörders kamen vierzig Mann ums Leben. Eine zweite Feier wurde darauf dem königlichen Paare am 28. März 1227 in Aachen bereitet, wo Margarete neben ihrem jungen Gemahl die Königskrone empfing; auch dies geschah in größter Feierlichkeit und unter Anwesenheit vieler Fürsten und tausender von Rittern.

Wenn ein Meister wie Walther bei einem dieser Feste einen Gesang darbot, so war es sein Recht und man erwartete es von ihm nicht anders, als daß er sich selbst aussprach. Walthers Gedanken aber waren nach der Ermordung Engelberts nur noch ernst, der neuen Weltkultur abgeneigt, von religiösen Vorstellungen erfüllt. In hohem, ruhigem Selbstbewußtsein begann er:

Ir reinen wip, ir werden man,
ez stet also, daz man mir muoz
er[1] unde minneclichen gruoz
noch volleclichen bieten an.
Des habet ir von schulden groezer reht dan e;
welt ir vernemen, ich sage iu wes[2].
wol vierzec jar hab ich gesungen oder me
von minnen und als iemen sol[3].
Do was ichs mit den andern geil[4];
nu enwirt mir's niht, ez wirt iu gar.
min minnesanc der diene iu dar,
und iuwer hulde si min teil.

Zweierlei fällt dem Kenner von Walthers Dichtung an dieser Strophe auf: sie ist gedanklich eine Erneuerung des Anfangs von Ir sult sprechen willekomen (vgl. S. 47) und in der Form eine kunstvolle Weiterbildung der Strophe von Ob ich mich selben rüemen sol (S. 72). 'Seht, waz man mir eren biete!' 'wan daz si mich grüezen schone', das hatte er sich von der Wiener Hochzeitsgesellschaft des Jahres 1203 erbeten; knapp und erhaben forderte er jetzt für sich er unde minneclichen gruoz. Daß sie die Vernehmenden, er der Sagende ist, wird mit denselben Worten wie einst ausgesprochen. Maere hat er früher, wie so manchesmal, seine Rede genannt; diesmal gedenkt er zurückblickend auf eine vierzigjährige Sängerlaufbahn besonders all seines Singens von Minne: doch empfinde der Alte nicht mehr die Lust wie

[1] Ehre. [2] weshalb.
[3] wie nur jemand es schuldig ist. [4] fröhlich.

einst. Wie er überhaupt im Alter statt der Stollen- und Abgesangsform die gespaltene Strophenweise bevorzugte, wo Anfang und Schluß der Strophe metrisch übereinstimmen und ein anderes Mittelstück dazwischen steht, so veränderte er nun auch die Strophe von Ottos Hochzeit in dieser Art. Man vergleiche die folgenden beiden Schemata:

1212	um 1226	
4 a	4 a	
4 b	4 b	
4 a	4 b	
4 b	4 a	
6 c mit Binnenreim	6 c	mit Binnenreim
4 d	4 d	
4 e	6 c	mit Binnenreim
4 d	4 e	
4 e	4 f	
6 f mit Binnenreim	4 g	
	4 g	
	4 f	

Die metrischen Elemente beider Strophen sind dieselben, die Kunst ist aber bei der zweiten noch reicher und strenger als bei der ersten: die Binnenreime greifen in die nächste Zeile über, und wie die Binnenreimzeilen in die Mitte der ganzen Strophe zusammengenommen sind, so sind auch das Anfangs- und das Schlußdrittel jedes schachtelnd gereimt, nicht paarig. Die ganze Strophe wird so zu einer mehrfachen Hülle; es bedurfte einer größeren Spannung, sie künstlerisch zu überblicken und zu verstehen als bei der früheren Strophe, die sich mehr als bloße Folge abwickelte (obwohl auch da schon die Kapselkunst im Abgesang auftritt). Was anders mag Walther bestimmt haben, hier an seine großartigsten und künstlichsten Hochzeitsgesänge früherer Zeiten anzuknüpfen, als daß es sich diesmal wieder um ein großes derartiges Fest handelte?[1] Er fuhr fort:

Lat mich an eime stabe gan[2]
und werben umbe werdekeit
mit unverzageter arebeit,
als ich von kinde habe getan:
So bin ich doch, swie nider ich si, der werden ein,
genuoc in miner maze ho.
daz müet die nideren. ob mich daz iht swache? nein.
die biderben hant mich deste baz[3].
Diu wernde wirde[4] diu'st so guot,
daz man irz hoehste lob sol geben.
ez'n wart nie lobelicher leben,
swer so[5] dem ende rehte tuot.

Ob nicht auch hier eine Erinnerung mitgewaltet hat? Wir meinen die an den größten unter Walthers Freunden am Thüringer Hofe. Wolfram hatte am Schlusse des Parzival gesagt:

---

[1] An die Mainzer Hochzeit Kaiser Friedrichs II. 1235 darf wohl nicht mehr gedacht werden.

[2] Und wenn ich auch an einem Stabe gehe (bildlich).

[3] halten mich desto werter. [4] dauernde Würde.

[5] als wenn einer.

Swes leben sich so verendet,
daz got niht wirt gepfendet
der sele durch des libes schulde,
und der doch der werlde hulde
behalten kan mit werdekeit,
daz ist ein nützlu arebeit.

Die Übereinstimmung von Walthers und Wolframs Gesinnung — trotz mancher Neckerei, die wohl zwischen ihnen hin- und herflog — kommt nirgends deutlicher zum Vorschein als hier: arbeit, werdekeit, hulde, sele, ende. Nach diesen persönlichen Einleitungsstrophen greift Walther nun seinen Hauptzweck dieses Tages an und richtet einen Scheidegruß an die Welt:

Werlt, ich han dinen lon ersehen:
swaz du mir gist[1], daz nimest du mir.
wir scheiden alle bloz von dir.
scham dich, sol mir also geschehen.
Ich han lip unde sele (des was gar ze vil)
gewaget[2] tusentstunt durch dich;
nu bin ich alt und hast mit mir din gampelspil[3]:
ist mir daz zorn, so lachest du.
Nu lache uns eine wile noch;
din jamertac wil schiere komen
und nimet dir, swaz du uns hast benomen,
und brennet dich dar umbe iedoch.

Minnesang kann für ihn nur noch ein Singen von der beständigen Liebe der Seele, nicht der Lust

[1] gibst.

[2] Auch den Leib hat Walther im Weltdienst oft gewagt, d. h. mit dem Schwerte, als ritterlicher Dienstmann.

[3] Possenspiel.

sein, davon handelt die vierte, die Kernstrophe seines Gedichtes:

Min sele müeze wol gevarn!
ich han zer werlte manegen lip
gemachet fro, man unde wip;
künd ich dar under mich bewarn!
Lobe ich des libes minne, deist der sele leit,
si giht[1], ez si ein lüge, ich tobe.
der waren minne giht si[2] ganzer staetekeit,
wie guot sie si, wie s' iemer wer[3].
Lip, la die minne, diu dich lat,
und habe die staeten minne wert;
mich dunket, der du hast gegert,
diu 'nsi niht visch unz an den grat[4].

Und er schließt wieder wie bei Ottos Hochzeit mit einem schönen Gleichnis und einem nun freilich ganz leisen, tiefen Scherz in der letzten Zeile:

Ich hat' ein schoene bilde erkorn;
owe daz ich ez ie gesach
oder ie so vil zuoz' ime gesprach!
ez hat schoen' unde rede verlorn.
Da wonte ein wunder inne, daz fuor ine weiz war[5].
davon gesweic daz bilde iesa[6].
sin liljerosevarwe wart so kerkelvar[7],
daz ez verlos smac unde schin.
Min bilde, ob ich bekerkelt bin
in dir, so la mich uz also,
daz wir einander vinden fro;
wan ich muoz aber wider in.

---

[1] sagt. [2] erkennt sie zu. [3] währe.
[4] bis auf die Gräte, d. h. durch und durch.
[5] ich weiß nicht wohin. [6] alsbald. [7] kerkerfarben.

So sang Walther damals ze hove. Und an der Straße? Auf dem Wege nach Nürnberg oder in Nürnberg selbst könnte er das Klagelied über Engelberts Ermordung vorgetragen haben:

Swes leben ich lobe, des tot den wil ich iemer klagen.
so we im, der den werden fürsten habe erslagen
von Kölne! owe des daz in diu erde mac getragen!
ine kan im nach siner schulde keine marter vinden:
im waere alze senfte ein eichin wit[1] umb sinen kragen,
in wil sin ouch niht brennen noch zerliden[2] noch schinden
noch mit dem rade zerbrechen noch ouch daruf binden:
ich warte allez, ob diu helle in lebende welle slinden[3].

Und von dem Nürnberger Hoftag kommend sang er:

Sie fragent mich vil dicke, waz ich habe gesehen,
swenn ich von hove rite, und waz da si geschehen.
ich liuge ungerne und wil der warheit halber niht verjehen[4].
ze Nüerenberc was guot gerihte, daz sage ich ze maere.
umb ir milte fraget varndez volk, daz kan wol spehen.
die seiten mir, ir malhen[5] schieden danne laere:
unser heimschen fürsten sint so hovebaere[6],
daz Liupolt eine müeste geben, wan daz er ein gast da waere.

Zu Nürnberg war gutes Gericht: dieses nachdrückliche Wort billigt die schnelle Ächtung des Mörders Engelberts, der andere widersprochen hatten. Die Schlußzeilen enthalten einen witzig versteckten Tadel auf die Kargheit der Fürsten (ob-

[1] Strang. [2] zergliedern. [3] schlingen.
[4] verreden, verschweigen. [5] Säcke. [6] hofergeben.

wohl Walther selbst auf Geschenke keinen Anspruch mehr machte). Die Fahrenden mußten mit leeren Mantelsäcken abziehen; die (mittel-)deutschen Fürsten seien so höflich, daß sie den Herzog Leopold von Österreich, den Vater zweier Brautkinder, hätten als Wirt gelten lassen wollen, so daß er allein auszuteilen gehabt hätte, aber er war doch auch in Nürnberg bloß zu Gaste! Keiner hatte bei dieser Hochzeit eigentlich Wirt sein wollen, zum Schaden der Fahrenden.

Bald nach der Aachener Krönungsfeier trat der Kreuzzug Friedrichs II. in den Mittelpunkt des allgemeinen Interesses. Mehrere große Gedichte Walthers zeigen uns ihn daran beteiligt. Eines davon, unterwegs an die Ritterschaft gerichtet an der Wende der Jahre 1227 und 1228, ist die schönste von allen Klagen des alten Walther über die Veränderung der Welt seit seinen Jugendtagen. Alle drei großen Strophen beginnen mit Owe, die beiden ersten schließen auch damit. Die dritte heißt:

Owe wie uns mit süezen dingen ist vergeben[1]!
ich sihe die gallen mitten in dem honege sweben.
diu werlt ist uzen schoene wiz, grüen unde rot
und innan swarzer varwe, vinster sam der tot.
Swen si nu habe verleit, der schouwe sinen trost:
er wirt mit swacher buoze grozer sünde erlost.
daran gedenket, ritter, ez ist iuwer dinc.
ir traget die liehten helme und manegen herten rinc[2],

---

[1] wie sind wir vergiftet!
[2] die Panzer bestanden damals aus vielen kleinen Ringen.

Darzuo die vesten schilte und diu gewihten swert.
wolte got, waer ich der sigenünfte[1] wert!
so wolte ich notic man verdienen richen solt.
joch meine ich niht die huoben noch der herren golt,
ich wolte selbe krone eweclichen tragen,
die möhte ein soldenaere mit sime sper bejagen.
möht ich die lieben reise gevaren[2] über se,
so wolte ich denne singen 'wol' und niemer mer 'owe',
niemer mer 'owe'.

Ein anderes Gedicht mag ebenfalls auf der Reise vorgetragen worden sein: wir gern zen swebenden ünden . . . erlösen wir daz grap!

Diu menscheit muoz verderben,
suln wir den lon erwerben.
got wolde durch uns sterben,
sin dro ist uf gespart[3].
Sin kriuze vil geheret
hat maneges heil gemeret.
swer sich von zwivel keret[4],
der hat den geist bewart.
Sündic lip vergezzen[5],
dir sint diu jar gemezzen,
der tot hat uns besezzen,
die veigen ane wer[6].

---

[1] der Erringung des Sieges. [2] zurücklegen.

[3] seine Drohung, sein Gericht ist zum jüngsten Tage aufgespart.

[4] Auch hier denkt man an Wolfram, dessen Parzival beginnt:

Ist dem Herzen Zweifel nah,
Sauer wird's der Seele da.
(Ist zwivel herzen nachgebur,
daz muoz der sele werden sur.)

[5] gedankenlos. [6] die todgeweihten Wehrlosen.

nu hellet hin geliche[1],
da wir daz himelriche
erwerben sicherliche
bi dulteclicher zer[2].
got wil mit heldes handen
dort rechen sinen anden[3].
sich schar von manegen landen
des heilegeistes her!

Wie kein anderer Dichter hat Walther hier Religion und Kreuzzugspflicht und -not zugleich auszusprechen vermocht. Sein politisches Sängertum, das von jeher persönliches und nationales, Sonderzustand und Tagesereignis verbunden hatte, erscheint hier in einem letzten reinen Glanze. Und zu dem Liede, das er dann beim Betreten des heiligen Landes selbst gesungen hat, ist uns auch die Melodie erhalten[4]:

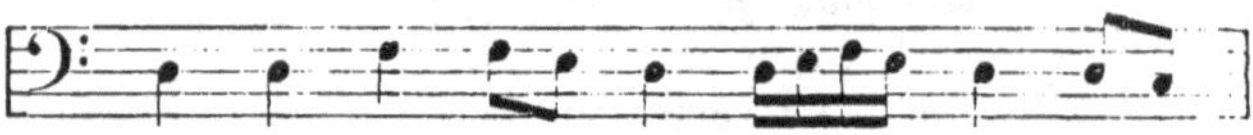

1. Nu al - erst lebe ich mir wer - de,
2. Schoeniu lant rich un - de he - re,
3. Hie liez er sich rei - ne tou - fen,
4. Do'er sich wolte über uns er - bar - men,
5. Kri - sten, ju - den un - de hei - den

[1] nun fort in geordneten hellen Haufen.
[2] Zehrung. [3] sein Leid.
[4] Ich lasse es hier dahingestellt, ob diese Melodie erst später koloristisch verziert worden ist, so daß man sich Walthers Weise etwas einfacher zu denken hätte; die Grundlinien sind aber zweifellos echt. Auch hier ist an jedem Zeilenende eine kurze Pause zu machen.

1. sit min sün - dic ou - ge siht
2. swaz ich der noch han ge - sehen,
3. daz der men - sche rei - ne si.
4. hie leit er den grim - men tot,
5. jehent[1] daz diz ir er - be si;

1. Hie daz lant und ouch die er - de,
2. So bist du'z ir al - ler e - re:
3. Do liez er sich hie ver - kou - fen,
4. Er vil riche über uns vil ar - men,
5. Got müez ez ze reh - te schei - den

1. den man vil der e - ren giht.
2. waz ist wun - ders hie ge - schehen!
3. daz wir ei - gen wur - den fri.
4. daz wir koe - men uz der not.
5. durch die si - ne na - men dri.

1. Mirst ge - schehen, des ich ie bat,
2. Daz ein magt ein kint ge - bar,
3. An - ders wae - ren wir ver - lorn
4. Daz in do des nicht ver - droz
5. Al diu welt diu stri - tet her:

[1] sagen.

1. ich bin ko - men an die stat,
2. her über al - ler en - gel schar,
3. wol dir sper, kriuz un - de dorn[1].
4. dast ein wun - der al - ze groz,
5. wir sin an der reh- ten ger[2],

1. da got men - nisch - li - chen trat.
2. was daz niht ein wun - der gar?
3. we dir, hei - den! deist dir zorn.
4. al - ler wun - der über - ge - noz.
5. reht ist daz er uns ge - wer[3].

Nach dem Kreuzzug Friedrichs II. können wir Walther nicht mehr sicher nachweisen. Vielleicht gehören einige seiner großen geistlichen Dichtungen, — ob auch die längste, der Marienleich, ein Bittgesang an die Jungfrau Maria? — in die Zeit nach seiner Rückkehr aus Palästina. Gestorben und begraben ist er in Würzburg. Dort las man am Kreuzgang des Neumünsters noch im 14. Jahrhundert auf seinem Grabstein die Verse:

Pascua qui volucrum vivus Walthere fuisti,
Qui flos eloquii, qui Palladis os, obiisti.

---

[1] Dornenkrone. [2] Forderung.
[3] gewähren möge.

Ergo quod aureolam probitas tua possit habere,
Qui legit hic, dicat: Deus, istius miserere.

Zu deutsch:

Walther, der du im Leben die Weide der Vögel gewesen,
Lobes Blume, Minervens Mund, du bist nun geschieden.
Weil deine Rechtschaffenheit eine Heiligenkrone verdiente,
Spreche denn, wer dies liest: Herr Gott, erbarme dich
seiner.

Nachfolge, Forschung und Wesen.

Als Walther starb, dichtete einer seiner Schüler, der sanktgallische Truchseß Herr Ulrich von Singenberg:

Uns ist unsers sanges meister an die vart,
den man e von der Vogelweide nande,
Diu uns nach im allen ist vil unverspart[1].
waz frumet[2] nu, swaz er e der welte erkande?
Sin hoher sin ist worden kranc.
nu wünschen[3] ime durch sinen werden höveschen sanc,
sit dem sin fröude si ze wege[4],
daz sin der süeze vater nach genaden pflege.

Noch manche andere Strophe ist uns von diesem Ulrich erhalten, die er in Nachahmung Waltherscher Gedichte, mit Benutzung von dessen Formen und Gedanken, gedichtet hat; und wie Ulrich, so gehörten die Minnesinger Leutolt von Seven, Reinmar von Zweter und andere zu Walthers Schülern. Wenn

[1] nicht erspart. [2] nützt. [3] laßt uns wünschen.
[4] seitdem seine Freude von dannen ist.

es damals auch noch keine Meistersingerschulen im Sinne des 15. und 16. Jahrhunderts gab, so sprach man doch auch schon bei den Fahrenden der Stauferzeit und zur Zeit der klassischen höfischen Lyrik von „Meistern", „Söhnen" und „Gesellen" der Singkunst. Walthers Zöglinge sind im Zeitalter Friedrichs II. nicht die hervortretendsten Dichter gewesen — das waren Neidhart von Reuental und Ulrich von Lichtenstein —, wohl aber haben sie das Formideal seiner Kunst am reinsten bewahrt.

Auch das Jahrhundert von 1250 bis 1350 hat Walthers Namen als Dichter- und Sängerideal noch in Ehren gehalten und hat seine Werke als klassische Vorlagen benützt. Im Zeitalter Rudolfs von Habsburg war es vor allem Konrad von Würzburg, der, an Walthers letztem Aufenthaltsort etwa zur Zeit von dessen Tode geboren, Walthersche Überlieferungen pflegte, besonders als Melodiker, und sie in der Schweiz zur Geltung brachte, wohin er sich später wandte, wenn auch damals die künstlerische Stimmung des staufischen Jahrhunderts durch ein nüchterneres Wesen abgelöst wurde. Um 1300 hat sich dann namentlich Heinrich Frauenlob aus dem Meißnischen, meist in Mainz tätig, als Erneuerer, ja Mehrer von Walthers Kunst gefühlt. Von Walthers Liedertemperament hatte er freilich keine Ahnung mehr: gelehrte Fülle und überlange, gekünstelte Strophen machten den neuen, gotischen Stil der deutschen Kunstlyrik hundert Jahre nach Walthers Wirken aus, auch noch in dem gegen

1350 tätigen Geschlecht. Von einem Zeitgenossen Frauenlobs, dem Bamberger Schulmeister Hugo von Trimberg, stammt der Reim:

> Herr Walther von der Vogelweide,
> wer des vergäße, täte mir leide.

Zwischen 1350 und 1450 bildeten sich in Oberdeutschland die Grundlagen der neuhochdeutschen Sprache, und damit rückte die Dichtung des staufischen Jahrhunderts in den Schatten einer nicht mehr lebendig fortwirkenden Vergangenheitskunst. Nur die Melodien Walthers wurden auch jetzt und weiterhin noch benutzt. Ja, die Meistersinger, Hans Sachs und aus dessen Schülerschaft noch Adam Puschmann, haben bis etwa 1580 nach Waltherscher Weise Strophen gebaut und gesungen, ohne schließlich von dem großen Kunstahnen sonst mehr als seinen Vornamen zu kennen. Damals war aber aus der Tiefe des Volkes eine unbewußte Erneuerung Waltherscher Gedanken und Formelemente unter veränderten Verhältnissen mit großer Wucht lebendig geworden: in Luthers Kampf gegen Rom und im evangelischen Choral. Die zweite Zeile des Liedes ‘Vom Himmel hoch da komm ich her’

geht textlich und melodisch in die Lyrik der Waltherschen Zeit zurück, ebenso die erste Zeile des Chorales

die textlich an mittelhochdeutsche Wächterlieder anknüpft, musikalisch an Zeilen wie die oben S. 23 mitgeteilten. Und wenn wir bei Walther lesen:

Der wise minnet niht[1] so sere
alsam die gotes hulde unt ere;
sin selbes lip, wip unde kint,
diu lat er e er disiu zwei verliese[2],

ist das nicht ein Vorklang zu Luthers Worten:

Nehmen sie uns den Leib,
Ehr, Gut, Kind und Weib,
Laß fahren dahin,
Sie haben's kein Gewinn,
Das Reich muß uns doch bleiben?

In den neueren Jahrhunderten ist es dann so weitergegangen: auf der einen Seite völliges Ersterben der unmittelbaren Überlieferungen der Minne- und Meistersinger, auf der andern neues Erwachen waltherischer Dichtergedanken ohne jeden Zusammenhang mit ihm. Wie oft fühlt sich, wer Goethe und Schiller in sich aufgenommen hat, an einen dieser beiden bei Walthers Versen erinnert!

Genau wie der junge Goethe, der von Lili entfernt war und ihr Bild in der Seele trug, klagend fragte:

---

[1] nichts. [2] verliere.

Und ach, mein schnell verrauschend Bild,
Stellt sich dir's nicht einmal?

genau so sieht der junge Walther seine österreichische Dame durch alle Lande in Gedanken und fleht:

Wirde ich iemer ein so saelic man,
daz si mich an' ougen[1] sehen sol?

Wie Goethe sein Klärchen singen läßt: 'Glücklich allein ist die Seele, die liebt', so ruft Walther: Ane minne wirdet niemer herze rehte fro. Könnte man das Liebeserlebnis, auf dem Goethes 'Wirkung in die Ferne' aufgebaut ist, kürzer mit Worten der Dame verraten als mit den Waltherschen:

im wart von mir in allem gahen[2]
ein küssen und ein umbevahen?

Auch Goethes Zeilen im 'Schweizerlied' von den Vögeln:

Hänt gesunge,
Hänt gesprunge . . .
Und mer lache
Und mache's
Au so.

hat Walther schon vorweggenommen:

sit diu vogelin also schone
schallent mit ir besten done,
tuon wir ouch also!

Ufm Bergli bin i gesässe, beginnt Goethe dies Liedchen; ähnlich hebt Walther an Ich saz uf eime

[1] ohne Augen, in Gedanken. [2] Eilen.

steine und ihm in der Stimmung am verwandtesten Schillers Tell: Auf diese Bank von Stein will ich mich setzen. Vergleicht man, was die drei Dichter diesen Anfängen folgen lassen, so kann kein Zweifel sein: die Situation am unschuldig-ernsthaftesten ausgekostet hat Walther, und das menschlich Bedeutendste aus ihr herausgesponnen hat wiederum Walther; nur Dürers Melencolia I hält ihm die Wage. An Schiller fühlt man sich sonst leicht bei ihm erinnert, wenn er das Thema 'Freude' in seinen Sang setzt und wenn er die Würde der Frauen besingt. Schillers Glockenmeister sagt:

Von der Stirne heiß
Rinnen muß der Schweiß,
Soll das Werk den Meister loben;
Doch der Segen kommt von oben.

Walther mahnt den deutschen Mann:

Mit witzen sol erz allez wegen
und laze got der saelden pflegen.

Rhythmisch erinnert Walther manchmal an Dichter und Komponisten der Gegenwart. Wenn er des jungen König Philipps höfischen Gang schildert: er trat vil lise, im was niht gach, welchen Leser dieses Verses geleiten nicht Töne des Bierbaum-Straußschen 'Traumes durch die Dämmerung'? Wer bei Walther gelassen liest:

bi dem brunnen ich gesaz,
miner sorge ich gar vergaz,
schiere entslief ich umbe daz

wem gesellen sich da nicht Melodieerinnerungen aus Regers Amsellied? Von Brahms, dem Sänger des Liedes 'Wie bist du meine Königin durch sanfte Güte wonnevoll', hat man mit Recht gesagt, in seiner Kunst erklinge die Harfe des Minnesanges neu.

Ja, wenn das alles so ist, warum kümmern wir uns dann noch viel um den Walther vor siebenhundert Jahren? Wenn hier und da neue deutsche Dichter und Musiker unbewußt dasselbe Gut zu Tage fördern wie einst Walther, warum sind dann die Gelehrten überhaupt noch eifrig bemüht, den so viel entfernteren ganz zu verstehen und verstanden werden zu lassen? Der Freiherr von Hohensax, der ums Jahr 1600 sich wissenschaftlich mit der manessischen Handschrift abzugeben anfing, Goldast, der bald darauf Lieder aus ihr veröffentlichte, Bodmer, der 1748 die 'Minnesänger aus dem schwäbischen Zeitpunkt' zum erstenmal gesammelt herausgab, waren es am Ende nur blöde Altertumskrämer? Und das letzte, im gegenwärtigen Sinne freilich das erste strenge Jahrhundert der Waltherforschung, von Uhland und Lachmann an über Wackernagel, Rieger, Pfeiffer und Hildebrand, über Wilmanns, Burdach, Paul, Schönbach und Schröder: in welcher Überzeugung haben sich diese Männer innigst mit Walther abgegeben und tun es noch?

Wir bekennen, daß Walther ein einziger war. Ein solcher, daß er die künstlerische und sittliche Welt von 1600 so gut wie die von 1900 zu ergänzen vermag. Nichts in der Geschichte wiederholt sich völlig; das beste aber, das heißt zugleich das kräftigste und reinste, am wenigsten. Wenn es zum erstenmal nach sechshundert Jahren bei Goethe wieder so klingt wie bei Walther, so lehrt uns das, wie selten aus den einfachsten Tiefen deutscher Liebesdichtung geschöpft worden ist. Walthers Zeit aber und seine Persönlichkeit sind ja ganz anders als alles spätere. Schiller hat im Geiste verlangen können: 'Drum soll der Sänger mit dem König gehen, sie beide wohnen auf der Menschheit Höhen.' Walther hat das doch in seiner Weise wirklicher erlebt als Goethe und Schiller, wenn wir an seine drei großen Hochzeitsgesänge, an manchen Fürstenmahnspruch von ihm denken. Er hat die deutschen Fürsten seiner Tage, wenn er vor sie trat, feierlich gestimmt und hat ihnen ein Lachen abgewonnen. Er hat aber auch das Volk an der Straße fröhlich gemacht und hat die Ritter zu tausenden zum Besten der nationalen Sache hingerissen. Die Mischung von Kraft, Ernst, Heiterkeit und Phantasie, über die er gebot, wird ihren Zauber nie für uns verlieren. Die Kunst seines Strophenbaus war in ihrer Art viel reicher als die der Neueren. Seine Zeilen sind von einziger rhythmischer und lautlicher Einprägsamkeit. Das hängt mit seinem ganzen Sprachgefühl und -bewußtsein zusammen, dem frischen Wurf seiner Sätze, der klugen Verwendung von Reim und Stabreim, mit seinem starken Formgefühl, seinem rhythmischen Talent und seiner musikalischen Ader. Er gab seinen Liedern die Melodien nicht nur selbst mit, sondern trug sie auch singend vor, er war der beste deutsche Sänger seiner Zeit im besonderen Sinne dieses Wortes. Keiner erlaubte sich an den Schlüssen in so kecken Verkehr mit seinen Hörern zu treten wie er. Wo haben wir seinesgleichen? Und wer will sagen, er kenne die deutsche Dichtung und Kunst, wenn er Walther nicht kennt?

So treten wir auf den Bozener Platz, wo die Berge seiner Heimat zum blauen Himmel ragen, vor das weiße Denkmal Walthers von der Vogelweide. Wir grüßen ihn; und wir danken ihm.

Wustmann, Walther v. d. Vogelweide.

Verzeichnis
der vollständig mitgeteilten Gedichte.

Aus dem Verlag von

Georg Reimer in Berlin

und

Karl J. Trübner in Straßburg

mcmxii

Durch die meisten Buch-
handlungen des In- und
Auslandes zu beziehen.

FSC
www.fsc.org
MIX
Papier | Fördert
gute Waldnutzung
FSC® C083411

Kolibri 360 GmbH
Ferdinand-Jühlke-Straße 7
99095 Erfurt, Deutschland
produktsicherheit@kolibri360.de